Der Wirkungsgrad von Dampfturbinen-Beschauflungen

Der Wirkungsgrad von Dampfturbinen-Beschaufelungen

von

Paul Wagner
Oberingenieur in Berlin

Mit 107 Textfiguren und einer Tafel

Berlin
Verlag von Julius Springer
1913

Softcover reprint of the hardcover 1st edition 1913

ISBN-13: 978-3-642-90515-5 e-ISBN-13: 978-3-642-92372-2
DOI: 10.1007/ 978-3-642-92372-2

Vorwort.

Langjährige Beschäftigung mit Entwerfen von Dampfturbinen drängte den Verfasser wiederholt dazu, sich eine auf möglichst einheitlicher Basis aufgestellte Übersicht über die mit verschiedenen Beschauflungsarten erreichbaren Wirkungsgrade zu verschaffen.

Die aus diesem Bestreben unternommenen Arbeiten sind in dem vorliegenden Werkchen zusammengestellt. Da eine in ähnlicher Weise umfassende Abhandlung über das aufgestellte Thema in der Literatur nicht vorhanden ist, dürfte sie für jeden, der sich mit Dampfturbinen beschäftigt, von Nutzen sein, zumal nur die einfachsten mathematischen und graphischen Hilfsmittel herangezogen wurden.

Die Arbeit ist nicht als Lehrbuch im üblichen Sinne aufzufassen. Sie ist unter dem Gesichtswinkel des praktischen Ingenieurs geschrieben. Aus diesem Grunde wurde sie auf die in erster Linie in Betracht kommende Axialturbine beschränkt.

Die grundlegenden Kenntnisse der Wärmelehre, die in häufiger Wiederholung in der Literatur zu finden sind, werden vorausgesetzt.

Um den Einblick in die vielfach variablen Beziehungen der Strömungsvorgänge zu erleichtern, wurde eine ausgiebige Darstellung der veränderlichen Größen durch Kurven angewandt.

Eine wertvolle Bereicherung der bestehenden Anschauungen dürften die in Abschnitt 9 erläuterten „Beziehungen zwischen potentiellem und kinetischem Mündungsdruck von Düsen“ bilden. Es ist darin die physikalische Erklärung für die Tatsache enthalten, daß „nicht erweiterte“ Düsen bei niedrigerem als dem kritischen Gegendruck eine höhere als die kritische Strömungsgeschwindigkeit zu entwickeln vermögen.

Außerdem wird der Nachweis erbracht, daß für die vielstufige Dampfturbine das gesamte Überdruckgebiet (d. h. 0 bis 100 % Überdruck in den Laufschaufeln) mit annähernd gleichem Wirkungsgrad brauchbar ist. Der reinen Überdruckturbine eröffnen sich sogar vorzugsweise Aussichten für den praktischen Turbinenbau auch in der Anwendnug als Axialkompressor.

Der Arbeit ist ein JS-Diagramm für Wasserdampf beigegeben, welches nach den Mollierschen Tabellen 1906 unter Berücksichtigung der von Knoblauch und Jakob[1]) im Überhitzungsgebiet gefundenen c_p-Werte berechnet wurde. Die Tafel ist in großem Maßstab hergestellt und zeichnet sich durch eine genaue Interpolation aus, die für die Berechnung von Einzelstufen mit kleinen Gefällen erforderlich ist.

Berlin, im August 1913.

Der Verfasser.

---

[1]) Knoblauch und Jakob: Über die Abhängigkeit der spezifischen Wärme c_p des Wasserdampfes von Druck und Temperatur. Mitteilungen über Forschungsarbeiten, Heft 35 und 36, Berlin 1906, Julius Springer.

Inhaltsverzeichnis.

Seite

Einleitung.

1. Gruppe: Einzelstufen (C-Stufen).

2. Gruppe: Vielstufen. (D-, R- und RR-Stufen.)

Anhang.

Einleitung.

1. Einteilung der Dampfturbinen nach der Beschauflungsart

Von allen Systembezeichnungen wird Abstand genommen, weil solche mehr und mehr an Berechtigung verlieren. Soweit die volle Ausnutzung des zwischen den üblichen Kesseldrücken und dem erreichbaren Vakuum verfügbaren Wärmegefälles in Betracht kommt, streben die Konstrukteure einer aus verschiedenartigen Stufen zusammengesetzten Einheitsturbine zu, die kombinierte Turbine genannt wird. Dadurch tritt mehr und mehr eine Verwischung der Systemkennzeichen ein. Die heute noch allgemein üblichen Systemnamen, die größtenteils niemals Anspruch auf systemartige Kennzeichen erheben konnten, besitzen infolgedessen kaum einen weiteren als einen Reklamewert für ihren Fabrikanten. Für den hier beabsichtigten Zweck erübrigt sich deshalb und auch im Interesse der Übersichtlichkeit ein Eingehen auf „Turbinensysteme". Das ganze Gebiet kann dadurch in einfacher Weise in zwei Hauptgruppen eingeteilt und behandelt werden.

Die erste Gruppe umfaßt die Turbinen mit kleiner Stufenzahl und Geschwindigkeitsstufen in den einzelnen Druckstufen.

Kleine Stufenzahlen lassen sich im wesentlichen nur bei hoher Umfangsgeschwindigkeit, mit Radkonstruktion und 2, 3 oder 4 Laufschaufelreihen pro Rad resp. pro Druckstufe, sowie düsenartiger Einströmung erreichen. Derartige Beschauflungen sind allgemein unter der Bezeichnung „Curtis-Stufen" bekannt. Hier werden sie der Abkürzung halber „C-Stufen" genannt.

Die zweite Gruppe umfaßt die Vielstufenturbinen mit einer Laufschaufelreihe pro Druckstufe, für die Parsons und Rateau die typischen Konstruktionen erfunden haben. Die einstufige (De Laval) Turbine, die technisch, nicht aber historisch als gemeinsamer Ausgangspunkt beider Gruppen anzusehen ist, wird nur als Hilfsmittel zu Vergleichszwecken erwähnt.

2. Übersicht über die Beschauflungsverluste.

Eine Zusammenstellung aller Einflüsse, die den zur Ausnutzung verfügbaren Betrag der Energie des Dampfes in einer Turbinenbeschauflung reduzieren, zeigt, daß diese sehr mannigfach sind und ihrer Natur nach, eine exakte Ermittlung des Wirkungsgrades auf analytischem oder graphischem Wege nicht gestatten. Wie bei allen maschinellen Einrichtungen zur Energiewandlung muß der größere Teil der Verluste, auf Meß- und Erfahrungswerte gestützt, in Rechnung gesetzt werden. Bei der Dampfturbine kommt der erschwerende Umstand hinzu, daß viele Variationen der Beschauflungsausführung nur geringen Einfluß auf das Meßresultat haben, so daß die durch sie bewirkte Änderung des Wirkungsgrades selbst bei Messungen größerer Leistungen innerhalb der verhältnismäßig weit zu ziehenden Meßfehlergrenzen liegt. Solche Einflüsse können ihrem Absolutwerte nach daher nicht mit Sicherheit festgestellt, meistens auch nicht von den anderen Verlusten gesondert werden.

Die Verluste werden infolgedessen, wie üblich, lediglich durch einen summarischen (geschätzten) Koeffizienten für jede Leitvorrichtung und Laufschaufelreihe in Rechnung gesetzt.

Der Wirkungsgrad ist in der Hauptsache eine Funktion des bekannten Verhältnisses: Schaufelumfangsgeschwindigkeit : Dampfgeschwindigkeit des Stufengefälles und der Düsen- resp. Schaufelwinkel. Diese Beziehungen kommen zum Ausdruck, wenn man den Wirkungsgrad der idealen einstufigen Turbine oder, bei Vernachlässigung der Schaufelverluste, deren Nutzverhältnis η_n in der bekannten Form

$$\eta_n = 4\,\frac{u}{c}\left(\cos\alpha - \frac{u}{c}\right)$$

schreibt, die sich ergibt, wenn Ein- und Austrittswinkel β der Laufschaufel einander gleich sind (s. Fig. 1). Innerhalb der dadurch bedingten Änderungen von η_n sind noch die Verlustquellen vorhanden, die mit jeder Energieumformung verbunden sind und die man hier als Störungen und Reibungswiderstände der Dampfströmung zusammenfassen kann.

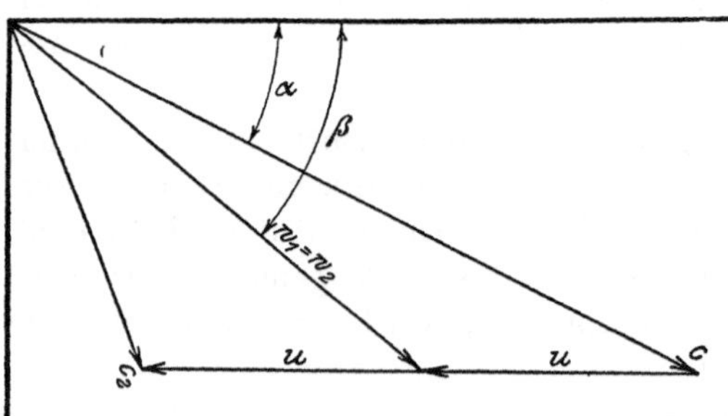

Fig. 1. Grundsätzlich angewandte Darstellung der Geschwindigkeitsdreiecke.

Der besseren Einsicht wegen sei nachstehend eine Zusammenstellung aller Faktoren versucht, die den Wirkungsgrad innerhalb der Beschauflung im wesentlichen beeinflussen:

1. Verluste, die durch den Entwurf der Beschauflung rechnerisch nachweisbar bedingt sind, entstehen:
   a) durch Düsenneigung und Austrittsgeschwindigkeit,
   b) durch die Schaufelumlenkungswinkel,
   c) durch das Erweiterungsverhältnis, d. h. Verhältnis des Düsen-Austrittsquerschnittes zum korrespondierenden Austrittsquerschnitt der letzten Laufschaufeln.
2. Verluste, die durch den Dampfzustand und durch konstruktive Gestaltung von Düsen und Beschauflung beeinflußt und nur empirisch ermittelt werden können, sind:
   a) Reibungsverluste,
   b) Kompressionsverluste,
   c) Stoß-, Wirbel- und Streuverluste,
   d) Ventilationsverluste der leerlaufenden Schaufeln.

Alle Verluste der Gruppe 2 können beeinflußt werden:

I. vom Dampfzustand und zwar:
   a) von dem in der zu untersuchenden Stufe verfügbaren Wärmegefälle oder der entsprechenden Dampfströmungsgeschwindigkeit,
   b) vom Dampfdruck, in dem die Beschauflung arbeitet oder vom spezifischen Gewicht des Dampfes,
   c) von der spezifischen Dampfmenge oder der Höhe der Überhitzung;

II. von Konstruktionsdetails und zwar:
   a) der Düsenverjüngung und ev. der Düsenerweiterung,
   b) der Düsenstegdicke,
   c) der Schaufelteilung,
   d) der axialen Schaufelbreite,
   e) der Dicke der Schaufeleintrittskanten,
   f) den Stoßwinkeln,
   g) den Spaltbreiten,
   h) dem Grad der Beaufschlagung.

Endlich kann die Werkstattausführung einen nicht außer Erwähnung zu lassenden Einfluß auf das Endresultat haben. Dieser äußert sich durch den Grad der Genauigkeit, in dem Düsen- und Schaufelprofil-Querschnitte, Oberflächen- und hauptsächlich Austrittswinkel sowie die Spaltgrößen hergestellt werden.

3. Darstellung der Wirkungsgradkurven.

Die erwähnte Abhängigkeit des Wirkungsgrades von $\frac{u}{c}$ geht über in die Abhängigkeit vom Verhältnis $\frac{u}{c_0}$, wenn die Dampfgeschwindigkeit vor der Düse vernachlässigt, und $c_0 = 91{,}5\sqrt{h}$ das ideale Geschwindigkeitsäquivalent des Stufengefälles h ist. Wie aus der Übersicht Abschn. 2 hervorgeht, sind außer dem Einflusse der Düsen- und Schaufelwinkel eine Anzahl veränderlicher Verlustquellen vorhanden, die den Wirkungsgrad auch bei einem konstanten $\frac{u}{c_0}$ modifizieren können. Ein Eingehen auf Einzelwirkungen muß wegen diverser Widersprüche, die sich aus den veröffentlichten Resultaten von Detailuntersuchungen ergeben, unterbleiben. Es wird deshalb und im Hinblick auf das vorgesetzte Programm von einer näheren Untersuchung der veränderlichen Einflüsse ad 2, I und II ganz abgesehen und für alle Kombinationen mit mittleren Verhältnissen gerechnet.

In der Darstellung über $\frac{u}{c_0}$ nimmt die Wirkungsgradkurve theoretisch eine parabolische und praktisch eine ähnliche Form an, in der reziproken Darstellung, d. h. über $\frac{c_0}{u}$ ist sie für den Gebrauch besser geeignet, weil dann die Abszissenwerte, die für Ausführung in Betracht kommen, zwischen ca. 2 und ca. 30 liegen, während sie bei der ersten Darstellung den ungeläufigen Werten 0,5 bis 0,0333 entsprechen. Bei der Darstellung über $\frac{c_0}{u}$ wird außerdem der brauchbarste Teil der Kurven mehr zusammengedrängt und übersichtlicher. Das Verhältnis $\frac{c_0}{u}$ wächst im gleichen Sinne wie die Kranzzahl der C-Stufen und erleichtert auch dadurch die Übersicht. Es soll deshalb in der ersten Gruppe vorwiegend die Darstellung der Wirkungsgrade über $\frac{c_0}{u}$ benutzt werden.

In der zweiten Gruppe wird für die ideale Ausflußgeschwindigkeit aus der Leitschaufel das Symbol c_0 beibehalten. Dieser Wert ist deshalb bei Eintritt von Laufschaufelüberdruck und Ausnutzung der Austrittsgeschwindigkeit nicht mehr das Äquivalent des Stufenzusatzgefälles. Die Geschwindigkeit des letzteren wird dort

$c = 91{,}5\sqrt{h_e + h_a}$, wobei h_e das Zusatzgefälle der Leitschaufeln, h_a das der Laufschaufeln bezeichnet. Im Nenner der Wirkungsgradformeln erscheint also anstatt c_0 der Wert c. In der zweiten Gruppe sind daher die Wirkungsgrade durchweg über $\frac{u}{c}$ resp. wo es die Einheitlichkeit mit der ersten Gruppe erforderte, über $\frac{c}{u}$ aufgetragen. Es kann dann ohne weiteres verglichen werden, wie sich der Wirkungsgrad verhält, wenn man entweder reine Druckwirkung oder irgendein Überdruckverhältnis anwendet.

1. Gruppe.

Einzelstufen (C-Stufen).

4. Wahl der Düsenneigung und Schaufelwinkel.

In der verlustfrei gedachten Turbine würde ein Wirkungsgrad von 100 $^0/_0$ möglich sein, wenn die Austrittsgeschwindigkeit jeder Stufe in der darauffolgenden Stufe ausgenutzt wird, und wenn die kinetische Energie des Zudampfes gleich der des Abdampfes ist. In den meisten Beschauflungen von C-Rädern wird die Austrittsenergie der aufeinanderfolgenden Räder nicht oder nur zu einem geringen Bruchteil nutzbar gemacht. Unter dieser Voraussetzung ist sowohl durch die Düsenneigung als auch durch die Schaufelwinkel ein bestimmter Austrittsverlust bedingt.

Verlustfrei gerechnet ergibt diejenige C-Stufen-Beschauflung das beste Nutzverhältnis, bei der der Düsenneigungswinkel möglichst klein und die Austrittswinkel aller Umkehr- und Laufschaufeln gleich dem Düsenwinkel angenommen werden. (Diejenigen feststehenden Schaufeln der C-Stufen, die lediglich den Zweck haben, die Strömungsrichtung des Dampfes in die Laufrichtung der Turbinen umzukehren, werden „Umkehrschaufeln" genannt, zum Unterschied von den „Leitschaufeln", die gleichzeitig Druckgefälle in Geschwindigkeit umsetzen.)

Praktisch sind Beschauflungen mit durchweg gleichen Austrittswinkeln kaum anwendbar, weil die letzten Schaufeln unbequem lang ausgeführt werden müssen, wenn man den der Kontinuität entsprechenden Durchströmquerschnitt einhalten will. Anderseits würde durch erhöhte Umlenkungsverluste der scheinbare Vorteil mehr als aufgehoben. Ein übermäßig großes Längenverhältnis zwischen letzter und erster Schaufel ist daher auch aus diesem Grunde ohne Vorteil. Es sollen deshalb nur praktisch brauchbare Winkel- und Längenverhältnisse in Betracht gezogen werden.

Alle Winkel werden im nachfolgenden stets durch ihre trigonometrische Tangente, und zwar in Prozenten, ausgedrückt, weil dadurch die graphische Behandlung der Geschwindigkeitsdiagramme erleichtert wird.

Als praktisch brauchbare Werte für die Düsenneigungen werden angenommen:

Für	einkränzige	Räder	30 %
„	zweikränzige	„	35 „
„	dreikränzige	„	40 „
„	vierkränzige	„	45 „

Mehr als vier Geschwindigkeitsstufen anzuwenden, ist zwecklos, da es zweifelhaft erscheint, ob mit einem fünften Kranz auch bei hohem $\frac{c_0}{u}$ noch nennenswerte Nutzarbeit gewonnen werden kann. Die Wahl einer mit der Kranzzahl abnehmenden Düsenneigung ist damit zu begründen, daß man anstreben muß, die geringere Zahl der Schaufelkränze so günstig wie möglich auszunutzen, indem man den Austrittsverlust klein hält. Würde man bei dem vierkränzigen ebenfalls 30 % Düsenneigung beibehalten, so kommt man wegen des mit der Kranzzahl im allgemeinen wachsenden $\frac{c_0}{u}$, mit zunehmender Kranzzahl in der ersten Laufschaufel auf immer kleinere Eintrittswinkel und folglich größere Stromumlenkung. Dadurch vermehren sich die Verluste in dieser Schaufelreihe, so daß schließlich auch bei vier Kränzen in der letzten Schaufelreihe keine nutzbare Dampfströmung mehr übrig bleibt und die Nutzarbeit der ersten Reihen zum Teil wieder dazu aufgebraucht wird, den Dampf durch die letzten Reihen hindurchzutreiben.

Für Lauf- und Umkehrschaufeln werden zunächst nur die Neigungen der Schaufelaustrittskanten in Betracht gezogen; es wird also vorausgesetzt, daß die Neigung der Schaufeleintrittskanten zur Erzielung stoßfreien Eintrittes sich stets der Neigung der relativen Dampfströmung anpaßt. Die Neigung der Austrittskanten $\operatorname{tg}\beta$ soll bei den einzelnen Beschauflungen für alle Werte von $\frac{c_0}{u}$ gleichbleiben. Es wird, wiederum mit möglichster Anpassung an praktische Brauchbarkeit, angenommen:

Schaufelaustrittswinkel:

Für	einkränzige	Räder	1.	Schaufelreihe	$\operatorname{tg}\beta = 60$ %
„	zweikränzige	„	1.	„	$\operatorname{tg}\beta = 45$ „
„	„	„	2.	„	$\operatorname{tg}\beta = 65$ „
„	„	„	3.	„	$\operatorname{tg}\beta = 100$ „

Für	dreikränzige	Räder	1. Schaufelreihe	$\text{tg}\,\beta = 49\,\%$
„	„	„	2. „	$\text{tg}\,\beta = 58$ „
„	„	„	3. „	$\text{tg}\,\beta = 68$ „
„	„	„	4. „	$\text{tg}\,\beta = 84$ „
„	„	„	5. „	$\text{tg}\,\beta = 100$ „
„	vierkränzige	„	1. „	$\text{tg}\,\beta = 49$ „
„	„	„	2. „	$\text{tg}\,\beta = 54$ „
„	„	„	3. „	$\text{tg}\,\beta = 59$ „
„	„	„	4. „	$\text{tg}\,\beta = 65$ „
„	„	„	5. „	$\text{tg}\,\beta = 72$ „
„	„	„	6. „	$\text{tg}\,\beta = 84$ „
„	„	„	7. „	$\text{tg}\,\beta = 100$ „

Die Zunahme der Winkel ist (aus zufälligen Gründen) nicht vollkommen stetig, wodurch jedoch der Wirkungsgrad wenig beeinflußt wird. Die Übersicht zeigt, daß trotz der für die mehrkränzigen Räder vergrößerten Düsenneigungen das erste Laufprofil der vierkränzigen Beschauflung immer noch einen wesentlich kleineren Winkel hat als das der einkränzigen, was, wie erwähnt, auf das relativ kleinere u zurückzuführen ist.

5. Nutzbare Energie der verlustfreien C-Stufen.

Es soll zunächst untersucht werden, welcher (ideale) Wirkungsgrad, hier Nutzverhältnis η_n genannt, sich in der verlustfreien Turbine bei Nichtausnutzung der Austrittsgeschwindigkeit für die vier Beschauflungen ergibt, d. h. es ist festzustellen, welchen Betrag der Austrittsverlust bei im übrigen verlustfrei arbeitender einstufiger Turbine annimmt und wieviel der verbleibende, nutzbare Betrag ausmacht.

In den Diagrammen Fig. 2 bis 5 sind zu dem Zwecke die Geschwindigkeitsdreiecke dargestellt, und zwar in jedem Falle für ein konstantes c_0 und verschiedene Umfangsgeschwindigkeiten.

Es wird hier, wie allgemein üblich, angenommen, daß die Dampfgeschwindigkeit vor dem Eintritt in die Leitschaufeln gleich Null ist. Das ist bei C-Stufen berechtigt, weil die tatsächlich vorhandene Einströmenergie im Verhältnis zu den großen, in C-Stufen umgesetzten Wärmegefällen vernachlässigt werden kann.

Mit Hilfe der aus den Fig. 2 bis 5 entnommenen absoluten Austrittsgeschwindigkeit $c_{2\,a}$ der letzten Schaufeln wurde umgekehrt der Wert des Austrittsverlustes

$$h_{c\,a} = \frac{A}{2g}\,c_{2\,a}^{\;2}$$

ermittelt und aus

$$\eta_n = \frac{h - h_{ca}}{h}$$

der ideale Wirkungsgrad oder das Nutzverhältnis.

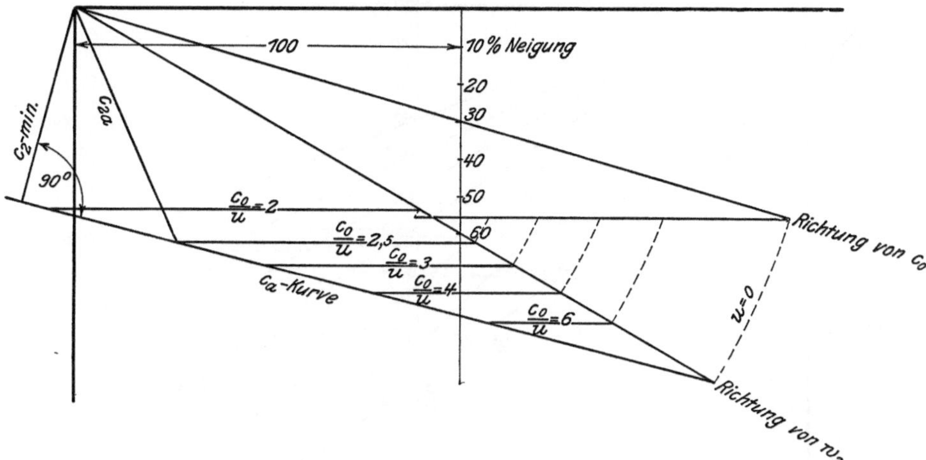

Fig. 2. Geschwindigkeitsdiagramme der verlustfreien einkränzigen Stufe.

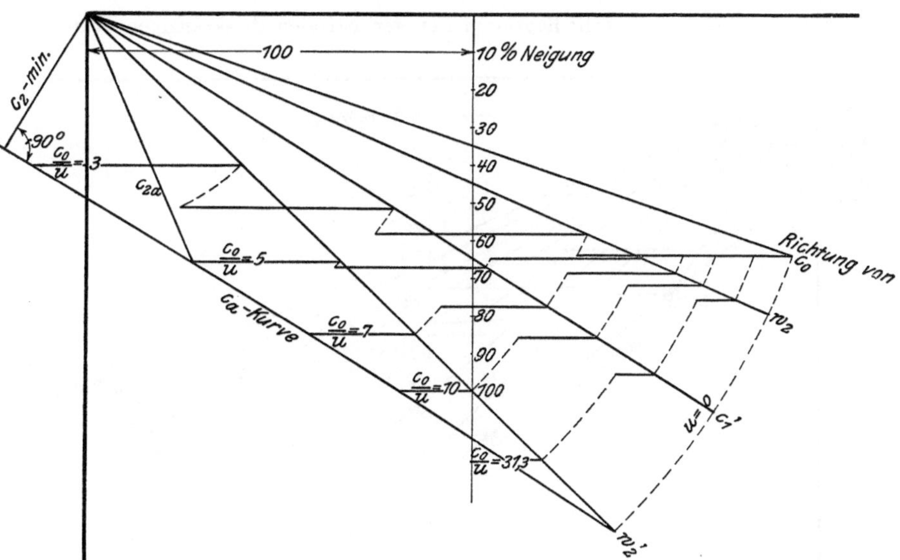

Fig. 3. Geschwindigkeitsdiagramm der verlustfreien zweikränzigen Stufe.

Verbindet man in Fig. 2 bis 5 die Endpunkte der absoluten Austrittsgeschwindigkeiten c_{2a} miteinander und extrapoliert die Verbindungslinie nach unten, so entspricht ihr Schnittpunkt mit der Richtungslinie des letzten Laufschaufel-Austrittswinkels den Werten $c_{2a} = c_0$, d. h. $u = 0$ und $\eta_n = 0$, und der kleinste Abstand der c_{2a}-Kurve vom

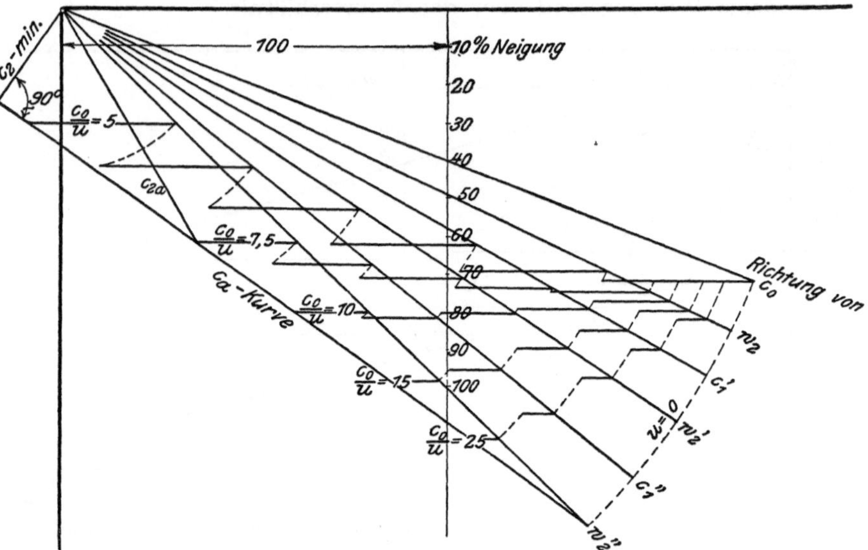

Fig. 4. Geschwindigkeitsdiagramm der verlustfreien dreikränzigen Stufe.

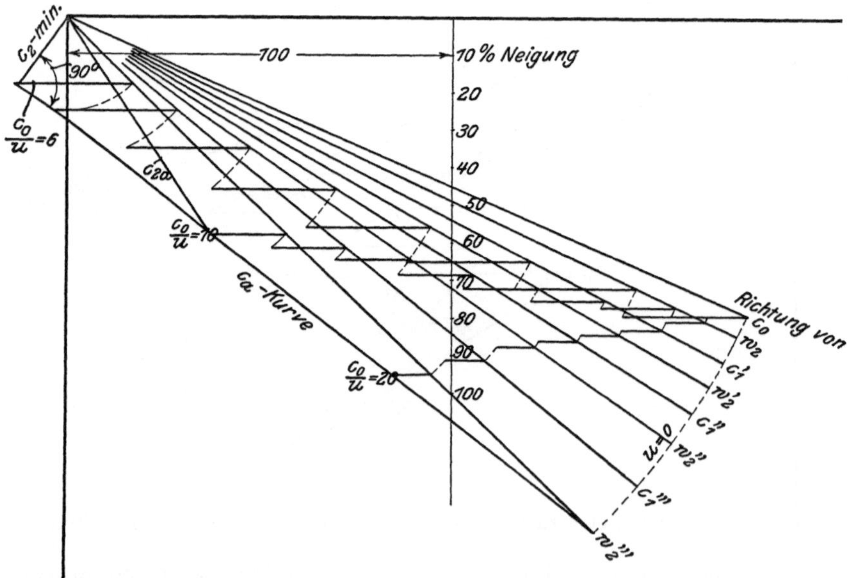

Fig. 5. Geschwindigkeitsdiagramm der verlustfreien vierkränzigen Stufe.

Diagramm-Nullpunkt entspricht dem kleinsten möglichen c_{2a}, d. h. dem Maximum des Nutzverhältnisses. Dieser Abstand sowie das ihm entsprechende $\frac{c_0}{u}$ können graphisch aus dem Diagramm ermittelt werden und betragen bei den hier angenommenen Schaufelneigungen:

Für die einkränzige Beschauflung $\eta_n = 92{,}2\,^0/_0$ bei $\frac{c_0}{u} = 1{,}98$,

" " zweikränzige " $\eta_n = 95{,}2$ " " $\frac{c_0}{u} = 3{,}34$,

" " dreikränzige " $\eta_n = 97{,}5$ " " $\frac{c_0}{u} = 4{,}70$,

" " vierkränzige " $\eta_n = 98{,}5$ " " $\frac{c_0}{u} = 6{,}30$.

6. Kurven der nutzbaren Energie.

Der Verlauf von η_n ist in Fig. 6 über $\frac{c_0}{u}$ aufgetragen und in Fig. 7 außerdem über $\frac{u}{c_0}$, weil sich bei der letzteren Form die Kurven-Nullpunkte für $u = 0$ darstellen lassen, die in der ersteren Aufzeichnung

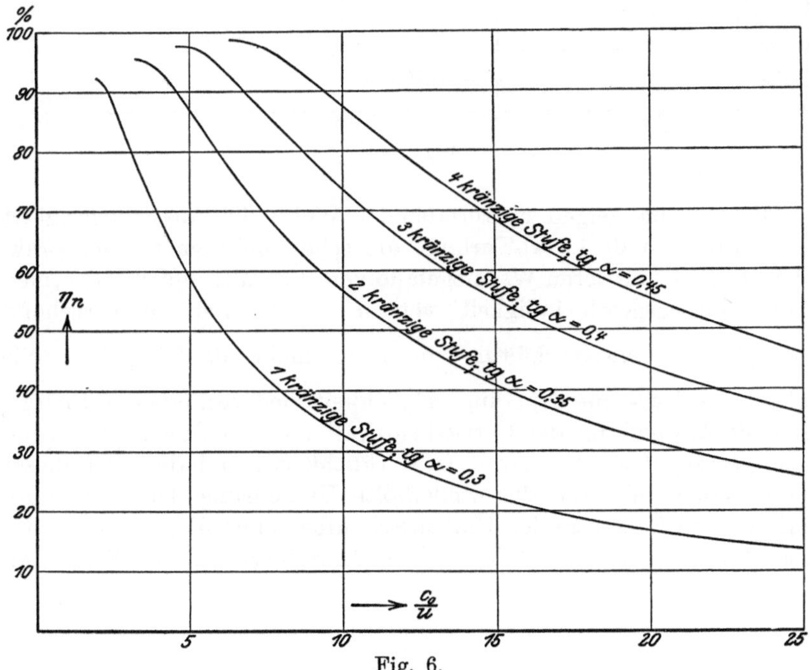

Fig. 6.

bei $\frac{c_0}{u} = \infty$ liegen würden. Die Fortsetzung der Kurven über die Maxima hinaus ist außer acht gelassen, da sie praktisch nicht in Frage kommt.

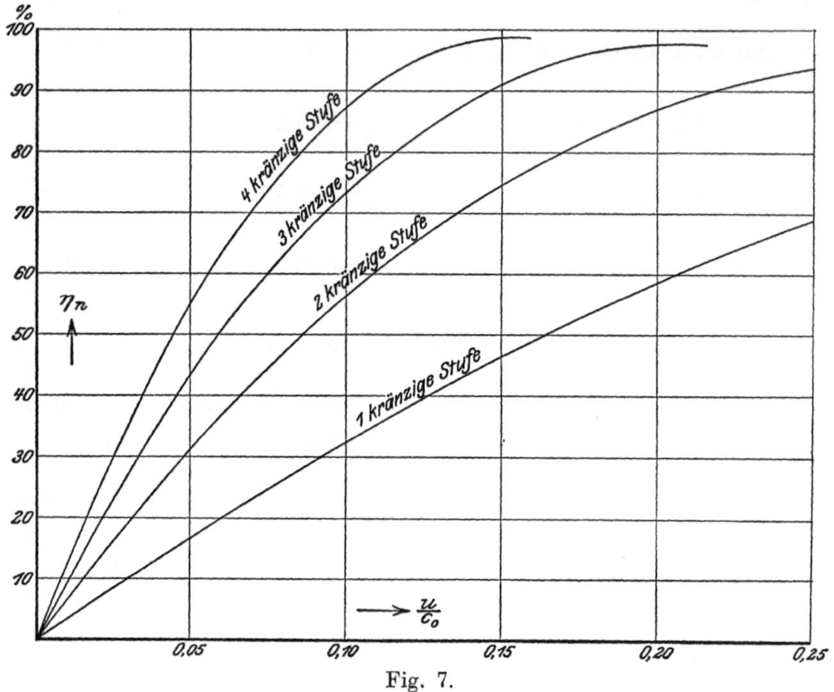

Fig. 7.

Die Kurven zeigen in auffallender Weise die Aussichtslosigkeit der einkränzigen de Laval-Turbine, die schon bei dem für den praktischen Betrieb mittleren Wärmegefälle von 200 WE und der enormen Schaufelumfangsgeschwindigkeit von $u = 300$ m/sk, entsprechend $\frac{c_0}{u} = 4{,}32$, ein Nutzverhältnis von nicht mehr als 65 % hat. Sie zeigen ferner, wie die Nutzungsmöglichkeit der verfügbaren Energie durch die Anwendung des Curtis-Prinzips, d. h. der Geschwindigkeitsstufen, gesteigert werden kann. In Wirklichkeit vermindert sich dieser Vorzug bedeutend, weil die wiederholte Umkehrung derselben Strömung, die noch dazu in den Umkehrschaufeln ohne Abgabe von Nutzarbeit erfolgt, eine Multiplikation der Einzelverluste zur Folge hat.

7. Der Wirkungsgrad am Radumfang zwei-, drei- und vierkränziger C-Stufen.

Bei der Untersuchung der Verluste, die zur Ermittlung des indizierten Wirkungsgrades der Beschauflung dienen, soll aus vorerwähnten Gründen von der einkränzigen Turbine abgesehen werden.

Unter Wirkungsgrad am Radumfang versteht man bei Dampfturbinen den Nutzeffekt, mit dem die Dampfmenge, die die Leitvorrichtungen und Schaufeln passiert, in diesen arbeitet. Stopfbuchsenverluste, Radreibung und Ventilationsarbeit der leer laufenden Schaufeln müssen also gesondert in Rechnung gesetzt werden. Da sie wesentlich von der konstruktiven Gestaltung des Einzelfalles abhängen, liegen sie außerhalb des hier zu behandelnden Themas.

8. Verlustkoeffizienten der Düsen.

Für die Berechnung der Düsen, speziell der erweiterten, wird auf die vorhandene Literatur verwiesen. Da hier nur mittlere Verhältnisse zu untersuchen sind, erscheint es zulässig, als Geschwindigkeitsverlust der Düsen in allen Fällen 5 % anzunehmen. Es sei darauf hingewiesen, daß dieser Verlust jedoch nur für die Wirkungsgradberechnung gilt. Für die Berechnung des nach der Strömungskontinuität maßgebenden Düsenquerschnittes ist er zu hoch und ergibt zu große Düsenquerschnitte. Man erreicht die beabsichtigte Druckverteilung genauer, wenn man die Düsenquerschnitte nur mit 2 bis 0 % Geschwindigkeitsverlust berechnet und dann annimmt, daß die restierenden 3 bis 5 % der Düsenverluste auf Geschwindigkeitsverluste und Strahlablenkung im Spalt zwischen Düse und erstem Laufschaufelkranz entfallen. Bei Verwendung erweiterter Düsen würde dann noch ein zusätzlicher Verlust im divergenten Düsenteil in Betracht kommen. Bei Düsen für hohes Gefälle, d. h. solchen mit starker Erweiterung, rechnet man für den Wirkungsgrad bis zu 10 % Gesamtverluste der Geschwindigkeit.

Es ist anzunehmen, daß die Düsenverluste im wesentlichen eine Funktion der Strömungsgeschwindigkeit und außerdem des spezifischen Dampfgewichtes sind; die veröffentlichten Meßergebnisse sind jedoch in Hinsicht darauf so widersprechend, daß es sich auch deshalb zurzeit verbietet, über die Düsenverluste Regeln aufzustellen.

Wie aus dem folgenden Abschnitt hervorgeht, ist der Rückdruck, den ein Dampfstrahl auf eine Düse ausübt, und damit auch der Geschwindigkeitskoeffizient außerdem mehr oder weniger abhängig von der konstruktiven Form des Ein- und Auslaufs. Auf diesen Umstand dürfte die Schwierigkeit der Ermittlung eines gesetzmäßigen Verhaltens der Düsenverluste in erster Linie zurückzuführen sein.

9. Beziehungen zwischen potentiellem und kinetischem Mündungsdruck von Düsen[1]).

Im allgemeinen verwendet man, den Bedingungen der Kontinuität entsprechend von Null bis zum kritischen Strömungszustand einfache konvergente Düsen und darüber hinaus solche mit einer divergierenden Fortsetzung, nach ihrem Erfinder „Lavaldüsen" genannt. Es ist aber durch Versuche festgestellt worden, daß nicht erweiterte, d. h. einfach konvergente Düsen auch über den kritischen Strömungszustand hinaus noch brauchbar sind. Auf die physikalische Ursache dieser Erscheinung soll näher eingegangen werden.

a) Strömungsgegendruck bei Ausfluß unelastischer Flüssigkeiten.

Bei einer hydraulischen Mündung vom Querschnit F (Fig. 8), die unter der mittleren Druckhöhe $H = \frac{p_1}{\gamma}$ steht, ist bei einem Ausflußkoeffizienten $\mu = 1$ die Ausströmgeschwindigkeit $c = \sqrt{2g\frac{p_1}{\gamma}}$, die ausfließende Menge $G = Fc\gamma$, wenn γ das spezifische Gewicht bedeutet. Der Bewegungsgröße der ausfließenden Menge $P_r = \frac{G}{g}c$ muß nach dem Energieprinzip eine entgegengesetzt wirkende Kraft das Gleichgewicht halten, die sich am Gefäß, aus dem die Energie fließt, äußert. Setzt man die vorgenannten Werte für c und G in P_r ein, so erhält man

$$P_r = 2\,Fp_1.$$

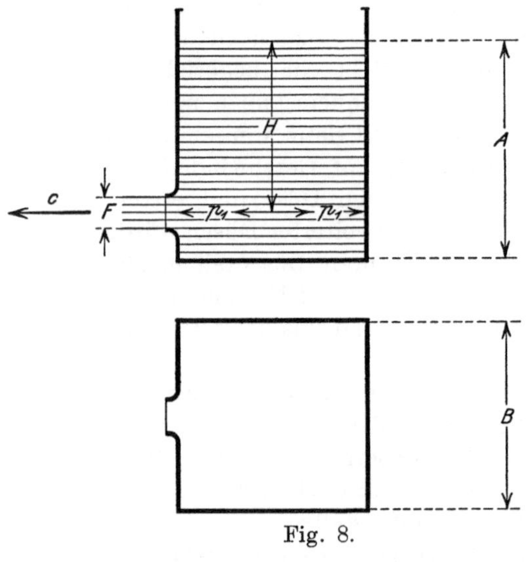

Fig. 8.

Da zwischen der Mündungsebene und dem Gefäßinnern die Druckdifferenz p_1 herrscht, ist ohne weiteres zu erkennen, daß eine Hälfte $P = \frac{P_r}{2} = Fp_1$ ihren Gegendruck an der Rückwand findet. Da sich letzterer nun bei stillstehendem Gefäß auf die Projektion $A \times B$ des Gefäßes in entgegengesetzter Richtung von c in der Größe $P_r = 2\,P$ äußern muß, entsteht die Frage, wie auf die

[1]) S. a. „Strömungsenergie und mechanische Arbeit" vom Verfasser (Jul. Springer, Berlin 1913).

Projektion $A \times B - F$ entgegengesetzt c der restierende Überdruck von der Größe P gegenüber der gleichen Projektion in Richtung c zustande kommt. Auf der Gefäßprojektion $A \times B$ entgegengesetzt c tritt bei offener Mündung gegenüber der geschlossenen keine Veränderung der hydrostatischen Druckverteilung ein. Die sich dort einstellende Strömung kann vernachlässigt werden, wenn das Gefäß eine im Verhältnis zur Mündung große Grundfläche hat.

Wenn die Bilanz der aus der Strömungsenergie resultierenden Kräfte erfüllt sein soll, muß die gesuchte Kraft notwendigerweise als Unterdruck auf der Mündungswand gegenüber strömungslosem Zustand, d. h. geschlossener Mündung, auftreten.

Diese Erscheinung findet ihre Erklärung darin, daß infolge der in der inneren Mündungsumgebung durch die nach der Mündung hin eintretende Strömung, der hydrostatische Druck in Geschwindigkeit umgesetzt, also reduziert wird. Geht die Strömungsbeschleunigung so vor sich, daß keine Kontraktion des ausfließenden Strahls eintritt, daß also der Ausflußkoeffizient tatsächlich $\mu = 1$ wird, dann ist die Bedingung erfüllt, daß der Unterdruck auf die Mündungswand verglichen mit der gegenüberliegenden Gefäßprojektion um die Differenz P kleiner wird.

Bei der einfachen hydraulischen Düse bleibt also, bezogen auf die ideale Durchflußmenge $G = F\gamma\sqrt{2\,gH}$ das Druckverhältnis $P : P_r$ stets konstant gleich 0,5.

b) Strömungsgegendruck bei Ausfluß elastischer Flüssigkeiten.

Stellt man die gleiche Untersuchung des Verhältnisses $P : P_r$ für elastische Flüssigkeiten an, dann muß sich in ähnlicher Weise eine Gegenkraft des Strömungsdruckes am Gefäß ergeben. Sofern die Kontinuitätsbedingung $\frac{G}{\gamma} = Fc$ erfüllt und die vollkommene Umwandlung der potentiellen Energie in kinetische vorausgesetzt wird, gilt dieser Satz auch unterhalb des kritischen Druckverhältnisses $\frac{p_2}{p_1}$. Wegen der praktischen Anwendung entsprechender Düsen wird die folgende Untersuchung bis $\frac{p_2}{p_1} = 0{,}1$ ausgedehnt.

Das wesentliche Kennzeichen der Dampfausströmung besteht darin, daß die Ausströmungsbeschleunigung im Gegensatz zu der von unelastischen Flüssigkeiten unter Veränderung des spezifischen Gewichtes γ der strömenden Menge vor sich geht. Während also $P_r = \frac{G}{g}c$ die gleiche Bedeutung erhält, wie vorher, ist für

$$G = Fc\gamma_2$$

das spezifische Gewicht γ_2, das sich bei dem, der adiabatischen Expansion auf den der Geschwindigkeit c entsprechenden Druck p_2 einstellt, stets kleiner, als das zum Anfangsdruck p_1 gehörige γ_1. Setzt man den vorstehenden Wert für G und für $c=\sqrt{\frac{2g}{A}h}$ ein, so wird die Bewegungsgröße der Ausströmung

$$P_r = 2\,F\gamma_2\frac{h}{A}.$$

Der statische Dampfdruck, der diesem im Innern des Gefäßes entgegenwirkt, ist

$$P = F(p_1 - p_2).$$

Die Formeln lassen erkennen, daß die komplizierten Beziehungen, die zwischen $\gamma_2 h$ und $p_1 - p_2$ bestehen, kein einfaches Verhältnis von $P:P_r$ liefern.

Setzt man $c=\frac{G}{F}\frac{1}{\gamma_2}$ in $P_r=\frac{G}{g}c$ ein,

dann wird: $$P_r = \frac{G}{g}\frac{G}{F}\frac{1}{\gamma_2} = \frac{G^2}{F}\frac{v_2{}'_x}{g}$$

wo $v_2{}'_x$ das spezifische Endvolumen bei adiabatischer Expansion ist.

Setzt man für $\frac{G}{F}$ den auf Seite 113 aufgestellten Näherungswert ein, der aber nur bis zur kritischen Strömungsgeschwindigkeit gilt, dann wird:

$$P_r = \frac{G}{g\gamma_2}\frac{G_m}{F}\cdot\frac{p_1-p_2}{p_1-p_k}\sqrt{2\frac{p_1-p_k}{p_1-p_2}-1}$$

und das Verhältnis

$$\frac{P}{P_r} = g\gamma_2\left(\frac{F}{G_m}\right)^2\frac{(p_1-p_k)^2}{p_1-p_2}\left(2\frac{p_1-p_2}{p_1-p_k}-1\right).$$

Oberhalb der kritischen Strömungsgeschwindigkeit ist für P nur der auf die Projektion der kritischen Mündungsfläche F_k entfallende Druck

$$P = F_k(p_1 - p_2)$$

einzusetzen und P_r geht über in P_{ra}, bezogen auf die äußere Mündungsfläche F_a,

$$P_{ra} = \frac{1}{g\gamma_2}\frac{G^2}{F_a}.$$

Das Druckverhältnis wird in diesem Falle:

$$\frac{P}{P_{ra}} = g\gamma_2(p_1 - p_2)\frac{F_k F_a}{G^2}.$$

Es ist bisher nicht gelungen, den analytischen Nachweis zu erbringen für die Entstehung des Unterdruckes $P_r - P$ in der inneren Mündungsumgebung. Da er aber zum Ausgleich der Energiebilanz in aus letzterer nachweisbarer Größe vorhanden sein muß, soll, um einen Überblick über das Verhalten von $\frac{P}{P_r}$ zu ermöglichen, ein praktisches Beispiel und die graphische Darstellung zu Hilfe genommen werden.

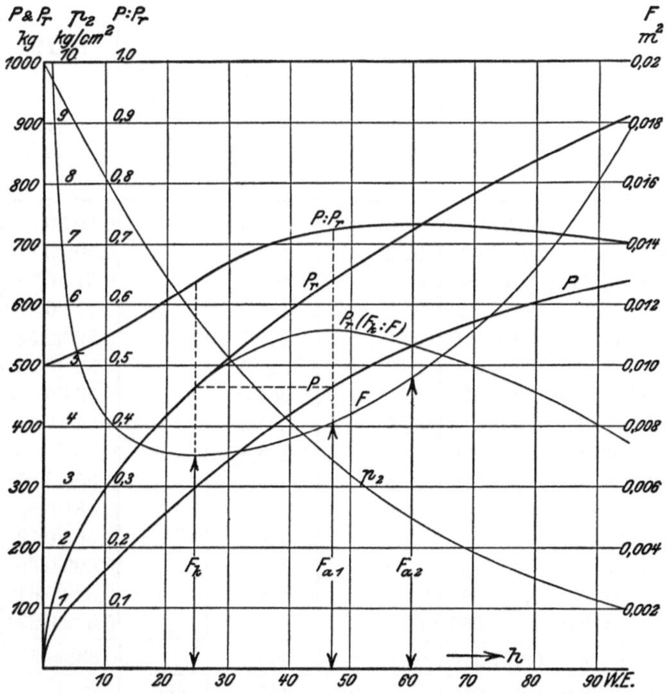

Fig. 9. Verhältnis zwischen kinetischem Strömungsdruck und potentiellem Gefäßgegendruck bei Ausströmung von Dampf aus einer idealen Mündung: Dampfmenge $= 10$ kg/sk; $x_1 = 1$; $v_1 = 0{,}1993$ m³/kg.

Es sei der Anfangsdruck $p_1 = 10$ kg/cm² abs., die spezifische Dampfmenge $x = 1$ und das sekundlich ausströmende Dampfgewicht $G = 10$ kg. Dann ergeben sich auf Grund der bekannten Dampftabellen die in Tabelle S. 18[1]) berechneten und in Fig. 9 dargestellten Kurven, die über dem Wärmegefälle aufgetragen sind.

Außer den Kurven für P und P_r erscheinen dort die p_2-Kurve, ferner die des Durchströmquerschnittes F und schließlich die des

[1]) Die Tabelle wird ergänzt durch die Tabelle S. 114.

Verhältnisses $\frac{P}{P_r}$. Von der P_r-Kurve ist noch eine am kritischen Druck beginnende Abzweigung $P_r\frac{F_k}{F}$ gezeichnet, die den Betrag des Rückdruckes darstellt, der unterhalb des kritischen Druckes auf die Projektion des engsten Durchströmquerschnittes F_k entfällt.

Tabelle zu Fig. 9.

h	p_2	p_1-p_2	$F=\frac{G\cdot v_{2x}}{c}$	$P=F(p_1-p_2)$	$P=F_k(p_1-p_2)$	$P_r=\frac{G\cdot c}{g}=2F\cdot\gamma_2\cdot\frac{h}{A}$	$P_r\left(\frac{F_k}{F}\right)$	$P:P_r$		$P:P_{ra}$
WE	kg/m² abs.	kg/m² abs.	m²	kg	kg	kg	kg		nach Formel Seite 16	
1	97 880	2 120	0,022 200	47,0		93,4		0,504	0,516	
2	95 800	4 200	0,016 000	67,2		132,0		0,509	0,519	
3	93 800	6 200	0,013 300	82,5		161,6		0,510	0,526	
4	91 800	8 200	0,011 720	96,1		186,6		0,515	0,529	
5	89 800	10 200	0,010 690	109,1		208,7		0,522	0,531	
6	87 950	12 050	0,009 940	119,8		228,5		0,524	0,536	
8	84 200	15 800	0,008 930	141,1		264,0		0,534	0,545	
10	80 600	19 400	0,008 310	161,2		295,2		0,547	0,554	
12	77 200	22 800	0,007 880	179,5		323,4		0,555	0,562	
14	73 900	26 100	0,007 580	197,8		349,0		0,566	0,571	
16	70 600	29 400	0,007 375	216,8		373,5		0,581	0,582	
18	67 550	32 450	0,007 230	234,8		396,0		0,594	0,595	
20	64 600	35 400	0,007 130	253,8		417,5		0,605	0,605	
22	61 700	38 300	0,007 065	270,5		438,0		0,618	0,619	
24	59 000	41 000	0,007 050	289,0		457,0		0,632	0,634	
24,7	58 000	42 000	0,007 045	295,8		464,0		0,638	0,638	[1]
25	57 700	42 300	0,007 045		298,0	466,5	466,4			0,639
26	56 300	43 700	0,007 055		308,0	476,0	475,0			0,648
28	53 700	46 300	0,007 085		326,0	494,0	490,5			0,665
30	51 200	48 800	0,007 120		343,5	511,0	505,0			0,672
40	40 500	59 500	0,007 585		418,5	590,5	548,0			0,709
50	31 700	68 300	0,008 400		481,0	659,5	553,0			0,729
60	24 700	75 300	0,009 590		530,0	723,0	531,0			0,733
80	14 600	85 400	0,013 140		601,0	834,5	457,0			0,720
100	8 330	91 670	0,019 450		646,0	933,5	337,7			0,692

Erwähnt sei, daß diese Kurve bei $P=P_{rk}$, d. i. bei ca. 47 WE entsprechend einer idealen Ausströmgeschwindigkeit von ca. 630 m

[1]) Kritischer Zustand.

ein Maximum hat. Auf diese Tatsache, daß der Rückdruck auf die Projektion F_k auch oberhalb der kritischen Geschwindigkeit bis zu dem erwähnten Wert noch wächst, ist jedenfalls die bekannte Erscheinung zurückzuführen, daß nicht erweiterte Düsen auch bei Überschreitung der kritischen Geschwindigkeit noch brauchbar sind[1]).

Das Verhältnis $\frac{P}{P_r}$ liegt im ganzen Verlauf oberhalb des Wertes 0,5, der sich beim Ausfluß von Wasser ergibt, es strebt aber für die Druckdifferenz $p_1 - p_2 = 0$, wobei auch $\gamma_1 - \gamma_2 = 0$ wird, dem gleichen Werte zu. Die Kurve scheint beim kritischen Gefälle (24,7 WE) einen Wendepunkt und bei $P = P_r (F_k : F)$ ein Maximum zu haben.

Die Entstehung des für den Gleichgewichtszustand erforderlichen Zusatzdruckes zu P in Höhe von $P_r - P$ ist innerhalb der kritischen Verhältnisse offenbar auf die gleiche Ursache wie beim Wasserausfluß zurückzuführen. Es entsteht durch die Strömungsbeschleunigung in der Mündungsumgebung ein Druckabfall gemäß der p_2-Kurve (wenn der Austrittsquerschnitt der Mündung sich über h nach der F-Kurve ändert). Die Summe der hieraus resultierenden Flächendrücke in Richtung der Ausströmung muß um den Betrag $P_r - P$ kleiner sein, als der auf die gegenüberliegende gleich große Projektion der Gefäßwände entfallende statische Dampfdruck.

Außerhalb der kritischen Verhältnisse kann der innere Überdruck nur den Betrag $P_r (F_k : F)$ des Strömungsdruckes P_r ausgleichen. Der überschüssige Betrag $P_r \left(1 - \frac{F_k}{F}\right)$ wird von der Projektion des äußeren, erweiterten Düsenteils z. B. $F_{a1} - F_k$ aufgenommen. Dieses Verhältnis besteht so lange, bis bei F_{a2} der Wert $P = P_r (F_k : F)$ wird. Von da ab übernimmt bei weiterer Expansion die Projektion des divergenten Düsenteils nur noch den Betrag $P_r - P$. Es ist in diesen Beziehungen ohne weiteres die Entstehung des Maximums in der $\frac{P}{P_r}$-Kurve zu erkennen.

Das erwähnte Maximum der $P_r (F_k : F)$-Kurve läßt bei Verwendung einer nicht erweiterten bei F_k abgeschnittenen Düse in vorliegendem Falle den immerhin nennenswerten Betrag von 13% von P_r ohne Ausgleich. Es ist denkbar, wie auch Stodolasche Versuche zu bestätigen scheinen, daß die, die Düsenmündung außen umgebende Fläche einen Teil dieser 13% übernimmt. Da aber die Kontinuität der Strömung beim Austritt verloren geht, indem F plötzlich ∞ wird, kann nie eine volle Ausnutzung des Strömungs-

[1]) Ein Hinweis hierauf findet sich bereits in Bauer-Lasche 1909, S. 40.

rückdruckes, also auch nicht die Entfaltung der vollen im Druckgefälle verfügbaren Strömungsgeschwindigkeit eintreten.

Wenn Versuche ferner zeigen, daß nicht erweiterte Düsen in dem überkritischen Expansionsgebiet trotzdem einen günstigen Rückdruckkoeffizienten haben, so mag dies einesteils daran liegen, daß diese Düsen nicht senkrecht, sondern schräg zur Strömungsachse abgeschnitten werden. Dann wird bekanntlich durch die Nachexpansion der Strahl nach Verlassen des engsten Querschnitts etwas von der überstehenden Fläche abgelenkt und die dadurch in der neuen Strömungsrichtung auf dieser entstehende Flächenprojektion nimmt einen Teil des restierenden Rückdruckes auf, der sonst von dem erweiterten Düsenteil übernommen würde.

In der Hauptsache aber sind die bei solchen Düsenversuchen gemessenen hohen Ausflußkoeffizienten dadurch möglich, daß das Verhältnis $\frac{P}{P_r}$ in der Dampfdüse an sich ein hohes ist. D. h. bei 60 WE, wo der in der Mündungsprojektion F_k nach innen wirkende Dampfüberdruck P 73,3 % des Strömungsdruckes P_r beträgt und nur der kleinere Betrag von 26,7 % von der Mündungsform abhängt, hat letztere viel geringeren Einfluß als bei kleinen Gefällen, wo der von der Düsenform beeinflußte Bruchteil des Rückdruckes sich mehr und mehr dem Wert 50 % nähert.

Dadurch erklärt sich auch die auf Grund des Verhaltens der Reibungs- und Wirbelverluste unsinnig erscheinende Tatsache, daß Düsen mit ungünstiger Einströmform einen mit abnehmender Ausflußgeschwindigkeit gleichfalls abnehmenden Geschwindigkeitskoeffizienten ergeben. Daraus folgt wiederum die Forderung, daß auf eine günstige Formgebung der Mündung um so mehr Wert gelegt werden muß, je kleiner das darin umzusetzende Gefälle ist.

In Tabelle S. 18 sind auch die Werte von $\frac{P}{P_r}$ eingetragen, die sich mit Hilfe der Ellipsenformel für $\frac{G}{F}$ (s. S. 113) berechnen. Sie zeigen in der Nähe von $p_2 = p_1$ eine geringe Abweichung von den Kurvenwerten, die im ungünstigsten Fall 2,4 % beträgt. Nach den höheren Werten zu stimmen sie praktisch mit den nach den Dampftabellen berechneten überein.

10. Verlustkoeffizienten der Schaufeln.

Wie früher erwähnt, sollen die Wirkungsgrade am Radumfang hier nur untersucht werden auf der Basis von Verlustkoeffizienten, die nach vorliegenden Erfahrungen als Mittelwerte zu betrachten sind, und es bleibt dem Konstrukteur überlassen, bei einem Neuentwurf zu beurteilen, ob unter Berücksichtigung seines Spezialfalles ein günstigerer oder ungünstigerer Wirkungsgrad als der angegebene Mittelwert zu erwarten ist.

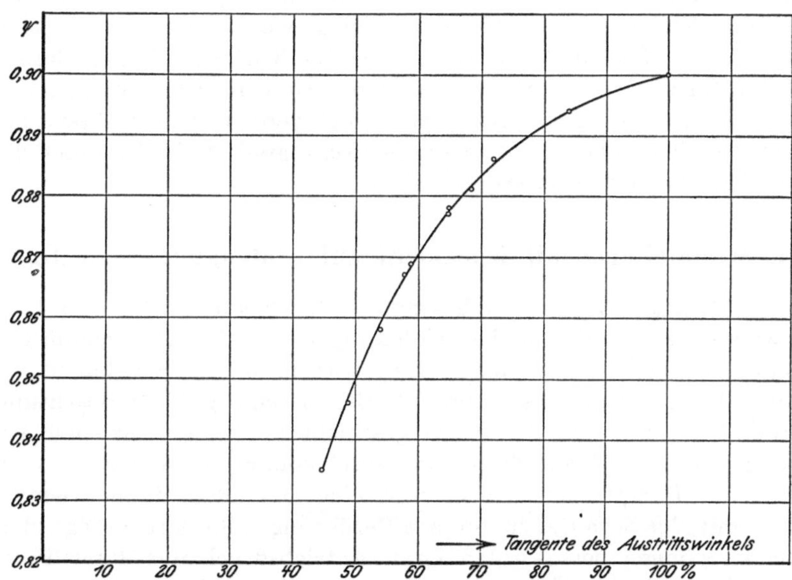

Fig. 10. Verlustkoeffizienten für Lauf- und Umkehrschaufeln von C-Stufen.

Als Mittelwerte können ungefähr gelten für:

1. den Dampfdruck: 2 at. abs.,
2. die spezifische Dampfmenge: $x = 1$,
3. das Wärmegefälle pro Stufe: ca. 40 WE,
4. die Schaufelbreite: 20 mm,
5. die Schaufelteilung: zwei Drittel der Schaufelbreite,
6. den Axialspalt: 4 mm,
7. den Radialspalt: 3 mm,
8. die Beaufschlagung $50\,^0/_0$: in vollkommen zusammenhängender Düsenreihe.

Solchen mittleren Verhältnissen entsprechend werden Koeffizienten angenommen, wie sie in Abhängigkeit von der Tangente der Schaufelaustrittswinkel in Fig. 10 aufgetragen sind. Diese Koeffizienten decken sich ziemlich genau mit den von Stodola IV Fig. 134a angegebenen. Es wird demnach als wesentlicher Einfluß auf die Höhe der Verluste der Umlenkungswinkel des Dampfstrahles angesehen. Das ist berechtigt, weil offenbar unter Voraussetzung gleichbleibender Dampfverhältnisse mit vergrößerter Ablenkung des Dampfstrahles aus seiner ursprünglichen Strömungsrichtung ein erhöhter Kompressions- und Reibungsdruck sowie vermehrte Wirbelung entstehen, deren Wirkung anscheinend die Hauptverlustquellen innerhalb der Schaufeln sind. Inwieweit der zweitwichtigste Faktor, die Dampfgeschwindigkeit, die Höhe der Verluste beeinflußt, ist ebenso wie bei den Düsen eine offene Frage. Die Meßresultate kompletter Turbinen deuten darauf hin, daß für Gefälle pro Stufe, die kleiner sind als das kritische, mit einer Verminderung der Verluste gerechnet werden kann, während bei großen Gefällen (über 50 WE) die Wirkungsgrade teilweise unter die später berechneten Kurvenwerte sinken.

11. Schaufelform mit Rücksicht auf Umlenkungsverluste.

Zur Begründung der Abhängigkeit der Koeffizienten vom Umkehrwinkel sei auf die in der Einleitung S. 3 unter 2b angeführten Kompressionsverluste besonders hingewiesen, da es angebracht erscheint, diesen an sich bekannten Verlusten eine größere Beachtung zuzuwenden als es in der Regel geschieht[1]). Bei der Arbeitsübertragung vom Dampf auf die Laufschaufel kommt sozusagen nur eine Fläche des Dampfstromes resp. nur eine unendlich dünne Dampfschicht mit der Schaufel in direkte Berührung, alle darüberliegenden Schichten können bei *C*-Stufen ihren Antriebsdruck nur durch Pressung auf die darunterliegenden abgeben. Dieser Vorgang hat aber zur Folge, daß der Dampf in jedem Laufkanal eine in der Drehrichtung der Turbine zunehmende Kompression erfährt. Im Schaufelkanal muß sich also ungefähr ein Strömungsbild einstellen, wie es Fig. 11 zeigt. In diesem Bild fällt der Eintrittswinkel β der inneren und äußeren Schaufelkante mit der Richtung des eintretenden Dampfstromes zusammen, und auf der Austrittsseite ist das Schaufelprofil nur so lang, daß der innere Kreisbogen die Austrittskante gerade tangiert. Der Eintrittswinkel β ist gleich dem Austrittswinkel. Eine solche Schaufelform ist ungünstig aus zwei Gründen:

1. dauert es wegen der tangentialen Einströmung zu lange, bis die Strahlablenkung auf die äußersten, von der Schaufelarbeitsfläche entferntesten, Dampfschichten wirkt. Die Kompression wird dadurch stark nach der zweiten Hälfte des Schaufelkanals gedrängt;

---

[1]) Stodola sagt im Vorwort von „Die Dampfturbine", 4. Aufl., unter Hinweis auf seine eigenen Versuche und die verschiedener anderer Autoren: „Im Hinblick auf die Unvollkommenheit und die Widersprüche der bisherigen Versuche empfehle ich, den ‚Geschwindigkeitskoeffizienten' vorläufig als von der Dampfgeschwindigkeit unabhängig, in der Hauptsache durch die Schärfe der Schaufelkrümmung bedingt anzusehen."

2. wird, wenn die innere Schaufelkrümmung bis an die Austrittskante geführt ist, beim Austritt noch Kompression herrschen und dadurch der austretende Strahl von der beabsichtigten Richtung axial abgelenkt, also ungünstiger auf die folgende Schaufel wirken.

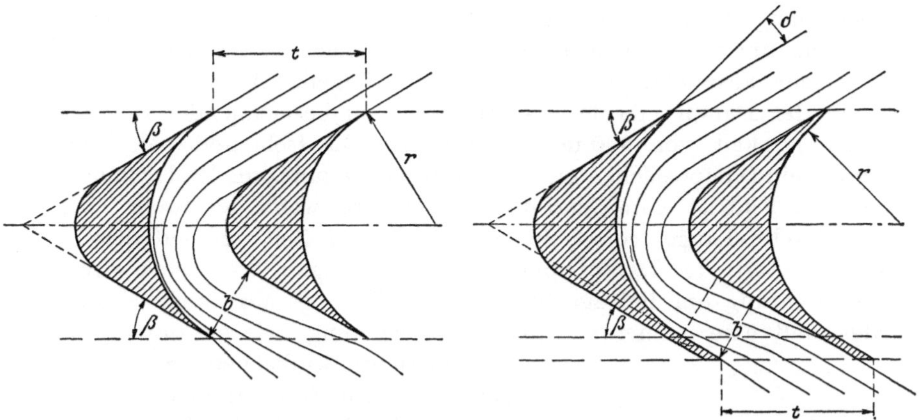

Fig. 11. Symmetrische Schaufel ohne Stoßwinkel.

Fig. 12. Symmetrische Schaufel mit Stoßwinkel und verlängerter Führung am Austritt.

Bei den in der Praxis üblichen Schaufelprofilen wird hierauf Rücksicht genommen durch Öffnen des Schaufeleintrittswinkels und durch Anfügen eines parallel verlaufenden Kanalteils an der Profilaustrittsseite. In Fig. 12 ist das Profil derart abgeändert, daß der innere Eintrittswinkel von 60 auf $100^0/_0$ (um das Bogenmaß δ) vergrößert und am Austrittsende ein tangential angesetztes Stück von $^1/_{10}$ der axialen Schaufelbreite zugefügt wurde. Die äußeren Ein- und Austrittswinkel β sind denen der Fig. 11 gleich. Das Strömungsbild zeigt ohne Zwang, daß günstigere Verhältnisse eintreten müssen. Fig. 12 zeigt auch, daß der sog. Stoßwinkel δ, der hier 14^0 beträgt, kaum einen schädlichen Einfluß haben kann, weil nur die der Schaufel zunächst liegende Stromschicht eine etwas verstärkte Ablenkung erfährt, die sich in den weiter entfernt von der Stoßfläche strömenden Schichten mehr und mehr verliert.

Die den Stoßwinkel bildende Kante geht tangential in die kreisförmige Umlenkungsfläche vom Radius r über, der in beiden Figuren gleich ist.

Da in beiden Figuren die Schaufelteilungen gleich sind, hat Fig. 12 wegen der größeren Dicke der Austrittskante ein kleineres Verhältnis $b:t$. Das wird aber dadurch ausgeglichen, daß auch die Richtung des austretenden Strahls eine günstigere ist.

Die Fig. 11 und 12 geben selbstverständlich nur ein schematisches Bild des Strömungsverlaufs. Die Größe der Strahlzusammenpressung bleibt dabei offen, ebenso wie der Einfluß der außerdem noch vorhandenen Störungen der Strömung.

Es erscheint angebracht, bei dieser Gelegenheit auf die zeitliche Ausdehnung der Strömungsvorgänge in Dampfturbinen-Schaufeln hinzuweisen, um zu betonen, daß unser Gewohnheitsbegriff des Stoßes hier nicht ausreicht, den Vorgängen zu folgen. Angenommen, es strömt der Dampf mit der als Mittelwert zu bezeichnenden Relativgeschwindigkeit von 300 m/sk durch einen Laufschaufelkanal, dann braucht ein Dampfteilchen nicht mehr als eine zehntausendstel Sekunde, um vom Eintritt zum Austritt zu gelangen, wenn der Kanal eine abgewickelte Länge von 3 cm hat. In dieser Zeit und auf diesem Wege erfährt der Dampf praktisch Ablenkungen von seiner Strömungsrichtung um Beträge bis zu 130^0. Es liegt also auch deshalb nahe, daß eine momentane partielle Ablenkung, wie sie durch den erwähnten Stoßwinkel bedingt ist, ohne nennenswerten Stoßverlust erfolgt.

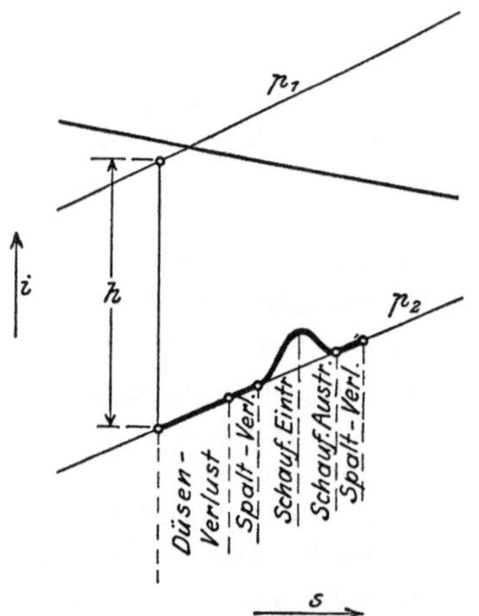

Fig. 13. Dampf-Zustandsänderung in der Beschauflung.

Die bei Eintritt der Strahlablenkung eintretende partielle Kompression und die beim Übergang von der krummlinigen in die geradlinige Bewegung erfolgende Wiederexpansion auf Anfangsdruck bei Druckschaufeln, können nicht ohne wiederholte Verluste vor sich gehen. Es wird sich innerhalb des Schaufelkanals eine Zustandsänderung vollziehen, die ungefähr den durch Fig. 13 dargestellten, auf das *IS*-Diagramm bezogenen Verlauf haben wird.

Bei gekrümmten Überdruckschaufeln wird sich derselbe Vorgang abspielen, nur mit dem Unterschied, daß dort die Druckänderung noch zusätzlich unter dem Einfluß der Laufschaufelexpansion steht.

12. Schaufellängen und Strömungsquerschnitte.

Die früher angegebenen Schaufelaustrittsneigungen für zwei-, drei- und vierkränzige Räder werden beibehalten, und die folgenden Erläuterungen, im Verlauf deren die übrigen Dimensionen der Beschaufelung beurteilt werden, sollen sich gleichfalls nur auf praktisch brauchbare Verhältnisse erstrecken.

In Fig. 14 sind demgemäß die radialen Längen und Spaltbreiten einer zweikränzigen Beschaufelung, in Fig. 15 die einer dreikränzigen

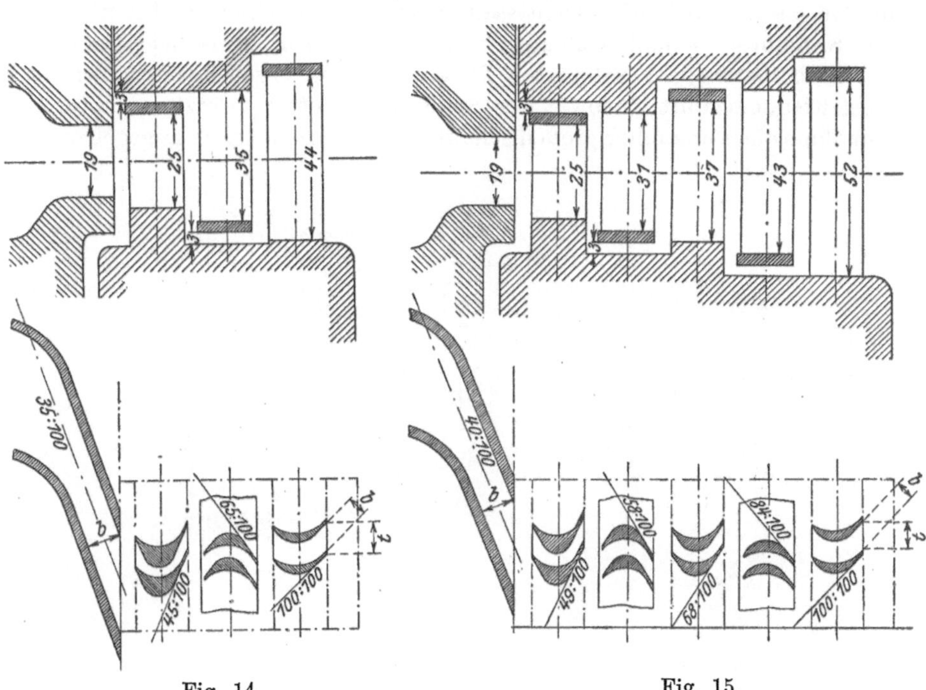

Fig. 14. Fig. 15.

Zu Fig. 14	Düse	1. Laufschaufel	1. Leitschaufel	2. Laufschaufel
Schaufellängenverhältnis	1,000	1,315	1,840	2,315
$b:t$	0,273	0,349	0,481	0,587
f_s am Schaufelaustritt . . . . mm²	5,190	8,730	16,820	25,800
f_{sp}-Spalt . . . . mm²	—	3,000	3,000	3,000
Gesamtquerschnitt $f_s + f_{sp}$ . . mm²	5,190	11,730	19,820	28,800

Zu Fig. 15	Düse	1. Laufschaufel	1. Leitschaufel	2. Laufschaufel	2. Leitschaufel	3. Laufschaufel
Schaufellängenverhältnis .	1,000	1,315	1,632	1,948	2,265	2,740
$b:t$	0,306	0,382	0,435	0,489	0,562	0,587
f_s am Schaufelaustritt mm²	5,810	9,550	13,480	18,100	24,200	35,200
f_{sp}-Spalt . . . . . mm²	—	3,000	3,000	3,000	3,000	3,000
Gesamtquerschnitt $f_s + f_{sp}$ . . . . mm²	5,810	12,550	16,480	21,100	27,200	38,200

Beschaufelung und in Fig. 16 die einer vierkränzigen Beschaufelung gezeichnet. Größenangaben für die Schaufeleintrittswinkel sind, da diese als veränderlich angesehen werden müssen, fortgelassen. Für die Düsen- und Schaufelaustrittsseiten ist der Einfachheit halber nicht die Kanalbreite b und Teilung t, sondern das Verhältnis beider und der sich daraus pro Millimeter Teilkreisumfang ergebende wirkliche Austrittsquerschnitt f_s sowie der Spaltquerschnitt f_{sp}, letzterer unter Annahme eines unendlich großen Schaufelkreis-Durchmessers, angegeben.

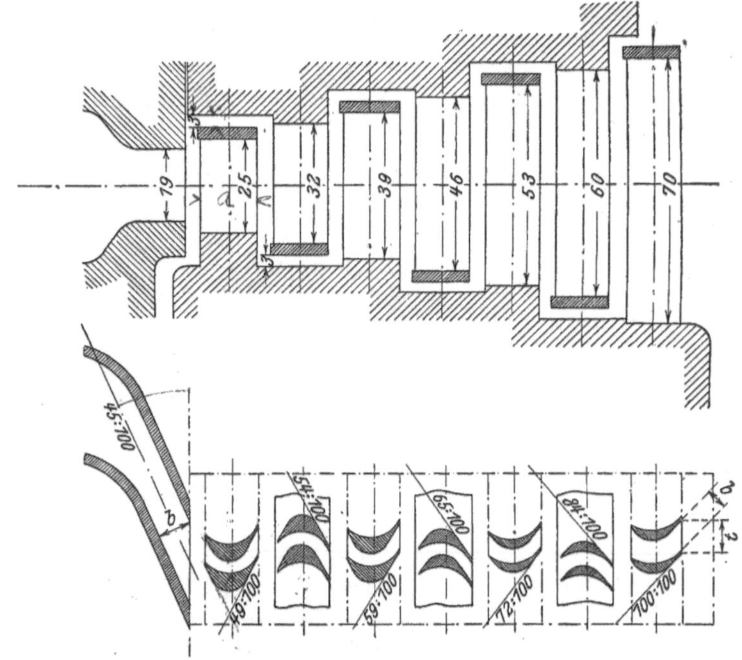

Fig. 16.

Zu Fig. 16	Düse	1. Laufschaufel	1. Leitschaufel	2. Laufschaufel	2. Leitschaufel	3. Laufschaufel	3. Leitschaufel	4. Laufschaufel
Schaufellängenverhältnis	1,000	1,315	1,683	2,052	2,420	2,790	3,160	3,685
$b:t$	0,339	0,382	0,410	0,442	0.481	0,518	0,562	0,587
f_s am Schaufelaustritt . . . mm²	6,450	9,550	13,120	17,250	22,100	27,450	33,700	41,100
f_{sp}-Spalt . . mm²	—	3,000	3,000	3,000	3,000	3,000	3,000	3,000
Gesamtquerschnitt $f_s + f_{sp}$ . . mm²	6,450	12,550	16,120	20,250	25,100	30,450	36,700	44,100

Wenn die Schaufeln, wie in Fig. 14 bis 16, an beiden Enden parallel begrenzt, die Eintrittswinkel größer als die Austrittswinkel und die Eintrittskanten schärfer als die Austrittskanten gemacht werden, ist der Eintrittsquerschnitt einer Schaufelreihe stets so viel größer als der Austrittsquerschnitt, daß er von der Strömung noch nicht ausgefüllt wird, auch wenn dies beim Austrittsquerschnitt der Fall ist. Bei einer Nachrechnung, bei der Rücksicht auf die Erfüllung der Kontinuitätsbedingung genommen wird, genügt es daher stets, die Untersuchung auf die Austrittsquerschnitte auszudehnen.

13. Höchstwerte der Wirkungsgrade am Radumfang η_i.

Unter Radumfang ist stets der zum mittleren Düsen- resp. Schaufelkreis-Durchmesser gehörige zu verstehen.

Für die praktische Ausführung kommen folgende Werte von $\frac{c_0}{u}$ als ungefähre Höchstwerte in Betracht:

$\frac{c_0}{u} = 5$ für zweikränzige Räder, $\frac{c_0}{u} = 7$ für dreikränzige Räder,

$\frac{c_0}{u} = 10$ für vierkränzige Räder.

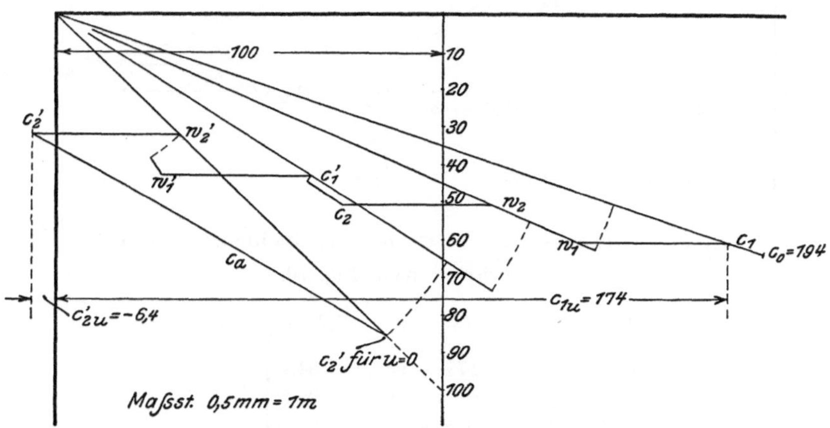

Fig. 17. Wirkungsgrad am Radumfang, zweikränzige Stufe.
$\varphi = 0{,}95$; ψ nach Fig. 10.

$$h = 4{,}5; \quad c_0 = 194; \quad u = 38{,}8; \quad \frac{c_0}{u} = 5.$$

$$\left.\begin{aligned} c_{1u} + c_{2u} &= 174 + 74 = 248{,}0 \\ c_{1u}' + c_{2u}' &= 66 - 6{,}4 = 59{,}6 \end{aligned}\right\} +$$

$$\Sigma c_u = 307{,}6$$

$$\eta_i = \frac{2u}{c_0^2} \cdot \Sigma c_u = \frac{2 \cdot 38{,}8}{194^2} \cdot 307{,}6 = 63{,}4\,\%.$$

In den Fig. 17, 18 und 19 sind hierzu die Geschwindigkeitsdreiecke und in den Fig. 20, 21 und 22 die entsprechenden Schaufelpläne gezeichnet.

Es ist, um die Übersicht zu erleichtern, bei allen der gleiche c_0-Wert angenommen. Die Verlustgrößen decken sich mit Fig. 10. Der indizierte Wirkungsgrad ist mit Hilfe der Diagramme gegeben durch:

$$\eta_i = \frac{h_i}{h} = \frac{\frac{A}{g} u \Sigma(c_u)}{\frac{A}{2g} c_0^2} = \frac{2u}{c_0^2} \Sigma(c_u),$$

worin c_u die Summe der Umfangskomponenten aller c-Werte, mit Ausnahme von c_0, ist. Soweit die c_u-Werte links von der Ordinaten-

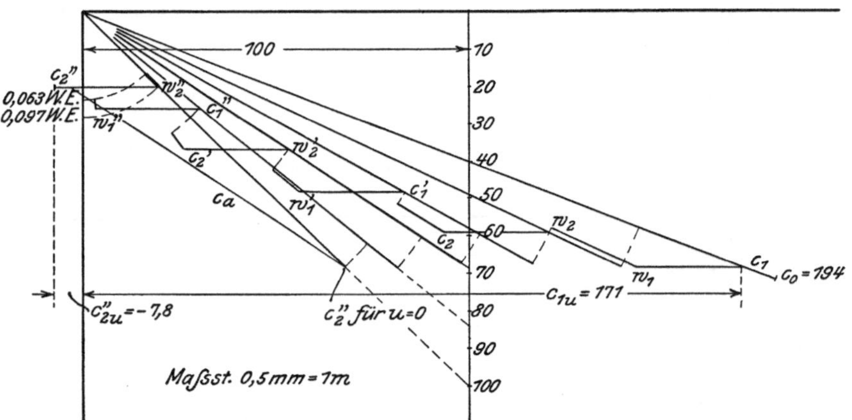

Fig. 18. Wirkungsgrad am Radumfang, dreikränzige Stufe.
$\varphi = 0{,}95$; ψ nach Fig. 10.

$$h = 4{,}5; \quad c_0 = 194; \quad u = 27{,}7; \quad \frac{c_0}{u} = 7.$$

$$\left.\begin{aligned} c_{1u} + c_{2u} &= 171 + 93{,}3 = 264{,}3 \\ c_{1u}' + c_{2u}' &= 83{,}5 + 26 \quad = 109{,}5 \\ c_{1u}'' + c_{2u}'' &= 30{,}8 - 7{,}8 \quad = 23{,}0 \end{aligned}\right\} +$$

$$\Sigma c_u = 396{,}8$$

$$\eta_i' = \frac{2u}{c_0^2} \cdot \Sigma c_u = \frac{2 \cdot 27{,}7}{194^2} \cdot 396{,}8 = 58{,}3\,\%$$

$$\left.\begin{aligned} h_i' &= h \cdot \eta_i' = 4{,}5 \cdot 0{,}583 = 2{,}623 \text{ WE} \\ \text{Druckstau} &= 0{,}097 - 0{,}063 = 0{,}034 \text{ „} \end{aligned}\right\} -$$

$$h_i = 2{,}589 \text{ WE}$$

$$\eta_i = \frac{h_i}{h} = \frac{2{,}589}{4{,}5} = 57{,}55\,\%.$$

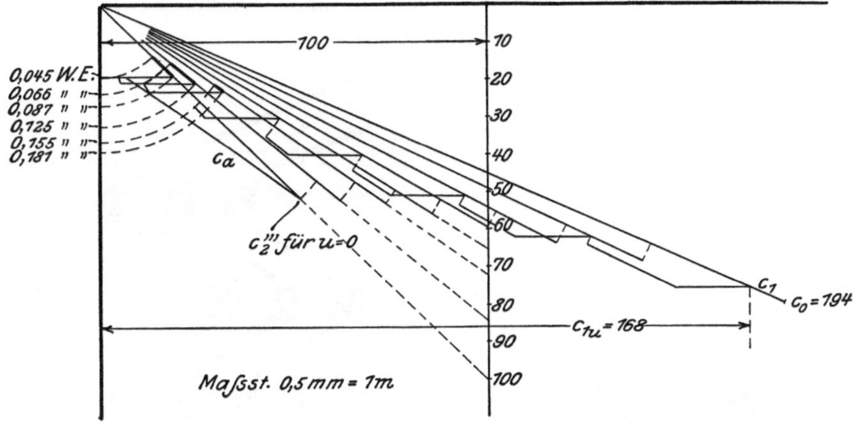

Fig. 19. Wirkungsgrad am Radumfang, vierkränzige Stufe.

$\varphi = 0{,}95$; ψ nach Fig. 10.

$h = 4{,}5$; $c_0 = 194$; $u = 19{,}4$; $\frac{c_0}{u} = 10$.

$$\left.\begin{array}{lllll} c_{1u} & + c_{2u} & = 168 + 107{,}8 & = 275{,}8 \\ c_{1u}' & + c_{2u}' & = 94 + 48{,}4 & = 142{,}4 \\ c_{1u}'' & + c_{2u}'' & = 46 + 12 & = 58{,}0 \\ c_{1u}''' & + c_{2u}''' & = 25 + 0 & = 25{,}0 \end{array}\right\} +$$

$$\Sigma c_u = 501{,}2$$

$$\eta_i' = \frac{2u}{c_0^2} \cdot \Sigma c_u = \frac{2 \cdot 19{,}9}{194^2} \cdot 501{,}2 = 51{,}6\,\%$$

$$\left.\begin{array}{ll} h_i' = h \cdot \eta_i' = 4{,}5 \cdot 0{,}516 & = 2{,}320 \text{ WE} \\ \text{Druckstau} \;\ldots\ldots & = 0{,}127 \;\text{"} \end{array}\right\} -$$

$$h_i = 2{,}193 \text{ WE}$$

$$\eta_i = \frac{h_i}{h} = \frac{2{,}193}{4{,}5} = 48{,}6\,\%.$$

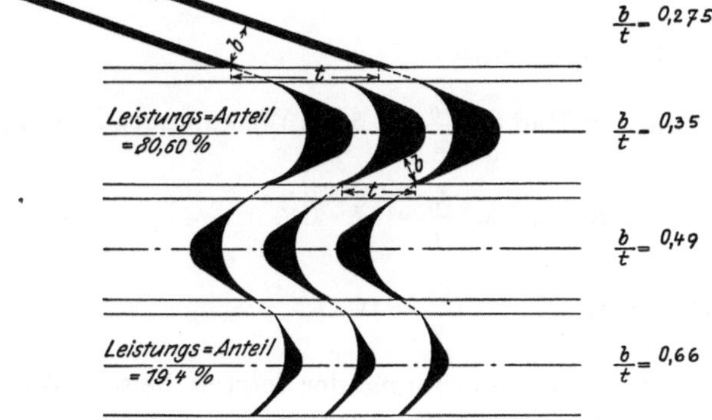

Fig. 20. Zweikränzige Stufe. Beschauflung für $\frac{c_0}{u} = 5$.

achse liegen, sind sie negativ, weil sie dann einen Antrieb des Dampfes durch die Schaufeln zum Ausdruck bringen.

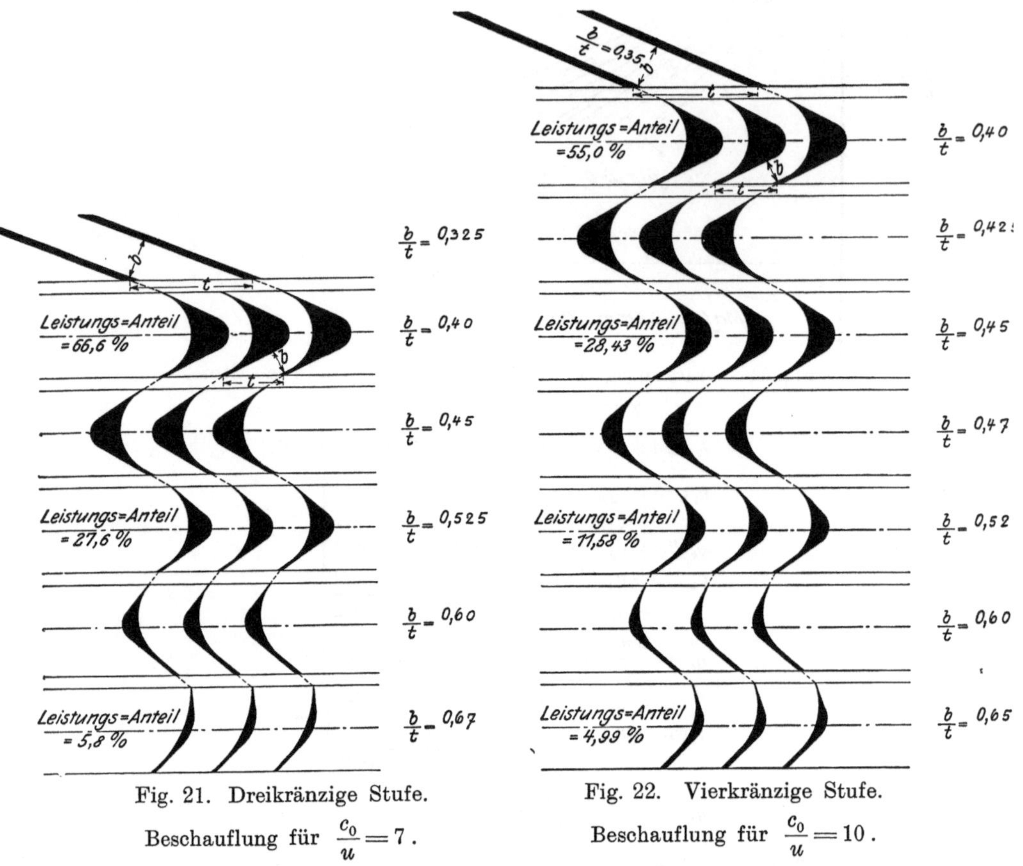

Fig. 21. Dreikränzige Stufe. Beschauflung für $\frac{c_0}{u} = 7$.

Fig. 22. Vierkränzige Stufe. Beschauflung für $\frac{c_0}{u} = 10$.

Es ergibt sich hiernach:

für das zweikränzige Rad bei $\frac{c_0}{u} = 5$ ein Wirkungsgrad von $\eta_i = 63{,}4\,^0/_0$,

„ „ dreikränzige „ „ $\frac{c_0}{u} = 7$ „ „ „ $\eta_i = 57{,}6$ „

„ „ vierkränzige „ „ $\frac{c_0}{u} = 10$ „ „ „ $\eta_i = 48{,}6$ „

Auf die Art der Berechnung der letzten beiden Wirkungsgrade soll später noch zurückgegriffen werden.

14. Leistungsanteil der einzelnen Schaufelreihen.

Wie die den Diagrammen (Fig. 17, 18 und 19) beigeschriebenen Berechnungen und die Zahlenwerte der Schaufelpläne zeigen, ist der Anteil, den die letzten Laufschaufelreihen an der Gesamtleistung der C-Stufe haben, in allen drei Fällen bereits sehr klein. Will man nun die Beschauflung mit noch kleineren Werten von $\frac{c_0}{u}$ als vorstehend angenommen arbeiten lassen, so verschwindet der Anteil, den die letzten Stufen an der Leistung haben, noch mehr, und wenn man beispielsweise in die Nähe der $\frac{c_0}{u}$-Werte kommt, die dem idealen Maximum (s. Fig. 6) entsprechen, so ergeben sich Verhältnisse, die durch die Geschwindigkeitsdiagramme (Fig. 23, 24 und 25) und die Schaufelpläne (Fig. 26, 27 und 28) veranschaulicht werden.

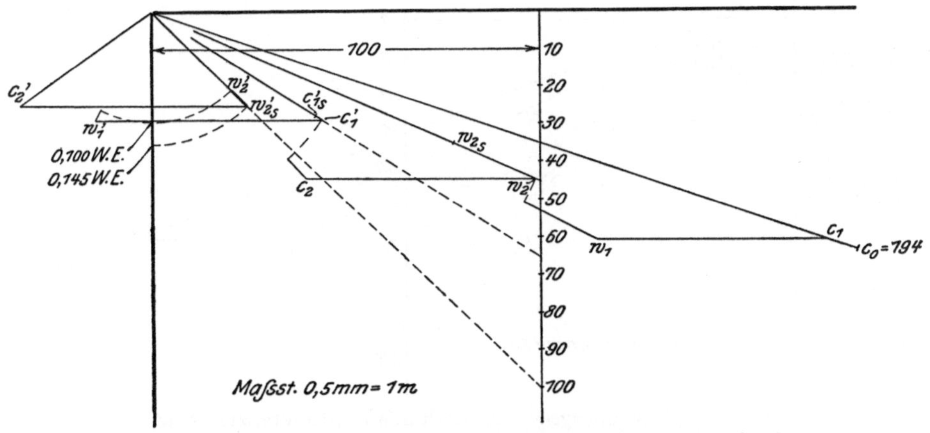

Fig. 23. Wirkungsgrad am Radumfang, zweikränzige Stufe.
$\varphi = 0{,}95$; ψ nach Fig. 10.

$$h = 4{,}5; \quad c_0 = 194; \quad u = 59{,}3; \quad \frac{c_0}{u} = 3{,}27;$$

$$\left.\begin{array}{l} c_{1u} + c_{2u} = 174 + 40 = 214 \\ c_{1u}' + c_{2u}' = 44 - 35 = 9 \end{array}\right\} +$$

$$\Sigma c_u = 223$$

$$\eta_i' = \frac{2u}{c_0^2} \cdot \Sigma c_u = \frac{2 \cdot 59{,}3}{194^2} \cdot 223 = 70{,}2\,\%$$

$$\left.\begin{array}{l} h_i' = h \cdot \eta_i' = 4{,}5 \cdot 0{,}70 \qquad = 3{,}160 \text{ WE} \\ \text{Druckstau} = 0{,}145 - 0{,}100 = 0{,}045 \text{ „} \end{array}\right\} -$$

$$h_i = 3{,}115 \text{ WE}$$

$$\eta_i = \frac{h_i}{h} = \frac{3{,}115}{4{,}5} = 69{,}2\,\%.$$

So liefert der zweite Laufschaufelkranz für das zweikränzige Rad (Fig. 23 und 26) nur noch 4 $^0/_0$ der Gesamtleistung des Rades, was in der Form der zweiten Laufschaufel dadurch zum Ausdruck kommt, daß diese im Querschnitt fast gerade verläuft, eine Ablenkung des Dampfstrahles von seiner relativen Eintrittsrichtung also nur in minimalem Maße erfolgt. Die Schaufelverluste der Umkehrschaufel und zweiten Laufschaufel werden bei weiterer Tourensteigerung höher; der Gewinn von 4 $^0/_0$, der aus dem zweiten Laufkranz noch gezogen wird, nimmt weiterhin ab. Das zweikränzige Rad geht also unter diesen Verhältnissen in ein einkränziges über, an das der zweite Schaufelkranz sozusagen nur leerlaufend, resp. bei weiterer Geschwindigkeitssteigerung bremsend, angehängt ist.

Ähnlich sind die Verhältnisse beim dreikränzigen Rad (Fig. 24 und 27), wo bei $\frac{c_0}{u} = 4{,}5$ der Leistungsanteil des dritten Kranzes

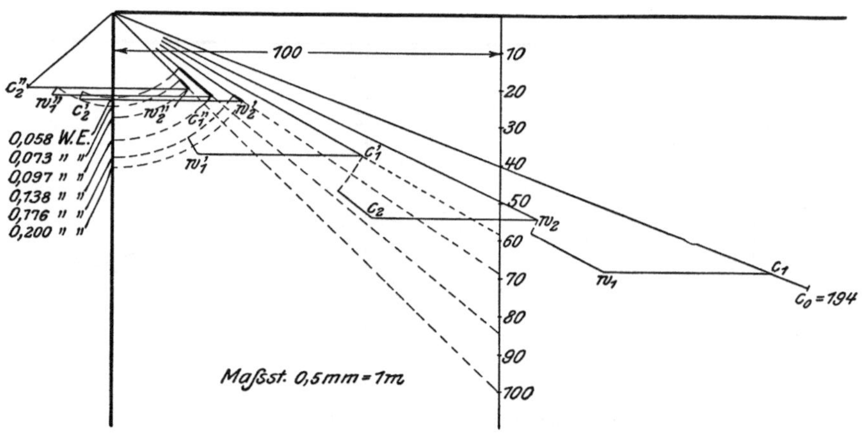

Fig. 24. Wirkungsgrad am Radumfang, dreikränzige Stufe.
$\varphi = 0{,}95$; ψ nach Fig. 10.

$$h = 4{,}5; \quad c_0 = 194; \quad u = 43{,}1; \quad \frac{c_0}{u} = 4{,}5;$$

$$\left.\begin{aligned} c_{1u} + c_{2u} &= 171 + 67{,}5 = 238{,}5 \\ c_{1u}' + c_{2u}' &= 64{,}5 - 9{,}0 = 55{,}5 \\ c_{1u}'' + c_{2u}'' &= 26{,}0 - 23{,}2 = 2{,}8 \end{aligned}\right\} +$$

$$\Sigma c_u = 296{,}8$$

$$\eta_i' = \frac{2u}{c_0^2} \cdot \Sigma c_u = \frac{2 \cdot 43{,}1}{194^2} \cdot 296{,}8 = 67{,}9\ ^0/_0$$

$$\left.\begin{aligned} h_i' = h \cdot \eta_i' = 4{,}5 \cdot 0{,}679 &= 3{,}055 \text{ WE} \\ \text{Druckstau} + 100\ ^0/_0 &= 0{,}256 \text{ "} \end{aligned}\right\} -$$

$$h_i = 2{,}799 \text{ WE}$$

$$\eta_i = \frac{h_i}{h} = \frac{2{,}799}{4{,}5} = 62{,}2\ ^0/_0 .$$

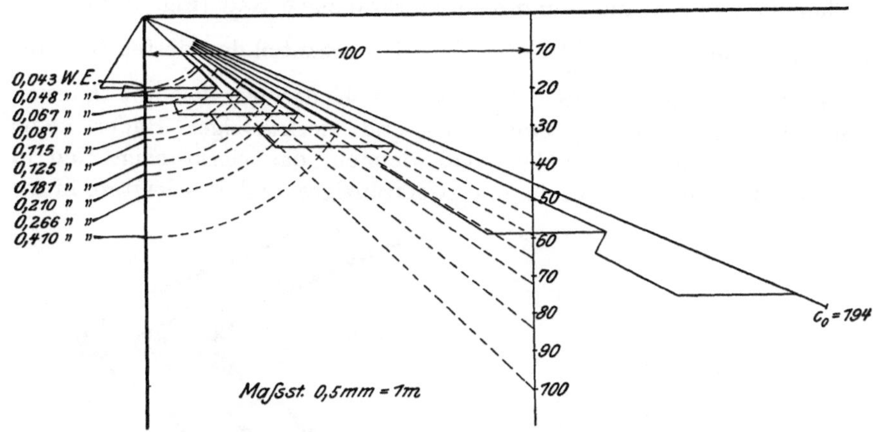

Fig. 25. Wirkungsgrad am Radumfang, vierkränzige Stufe.
$\varphi = 0{,}95$; ψ nach Fig. 10.

$$h = 4{,}5;\quad c_0 = 194;\quad u = 30{,}8;\quad \frac{c_0}{u} = 6{,}3;$$

$$\left.\begin{array}{lcl} c_{1u} + c_{2u} & = 168 + 88{,}5 = & 256{,}5 \\ c_{1u}' + c_{2u}' & = 65 + 30 = & 95{,}0 \\ c_{1u}'' + c_{2u}'' & = 39{,}5 + 1 = & 40{,}5 \\ c_{1u}''' + c_{2u}''' & = 24{,}5 - 12 = & 12{,}5 \end{array}\right\} +$$

$$\Sigma c_u = 404{,}5$$

$$\eta_i' = \frac{2u}{c_0^2} \cdot \Sigma c_u = \frac{2 \cdot 30{,}8}{194^2} \cdot 404{,}5 = 66{,}1\ \%$$

$$\left.\begin{array}{l} h_i' = h \cdot \eta_i' = 4{,}5 \cdot 0{,}661 = 2{,}980 \text{ WE} \\ \text{Druckstau} \ldots\ldots = 0{,}586 \ \text{"} \end{array}\right\} -$$

$$h_i = 2{,}394 \text{ WE}$$

$$\eta_i = \frac{h_i}{h} = \frac{2{,}394}{4{,}5} = 53{,}15\ \%.$$

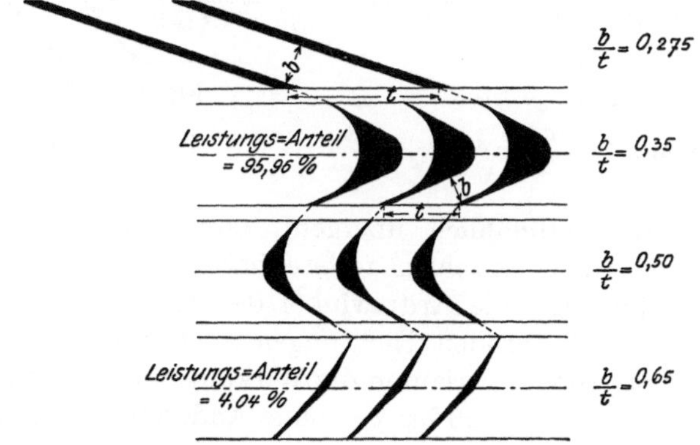

Fig. 26. Zweikränzige Stufe. Beschauflung für $\frac{c_0}{u} = 3{,}27$.

schon fast verschwindet und beim vierkränzigen Rad (Fig. 25 und 28), wo sich zunächst bei $\frac{c_0}{u} = 10$ der Leistungsanteil des vierten Kranzes dem Werte Null nähert. Es ergibt sich daraus, daß die Kurven des Wirkungsgrades η_i zwei- drei- und vierkränziger Räder keine eigenen Maximalwerte haben, daß vielmehr das vierkränzige Rad in ein dreikränziges, dieses in ein zweikränziges und das letztere in ein

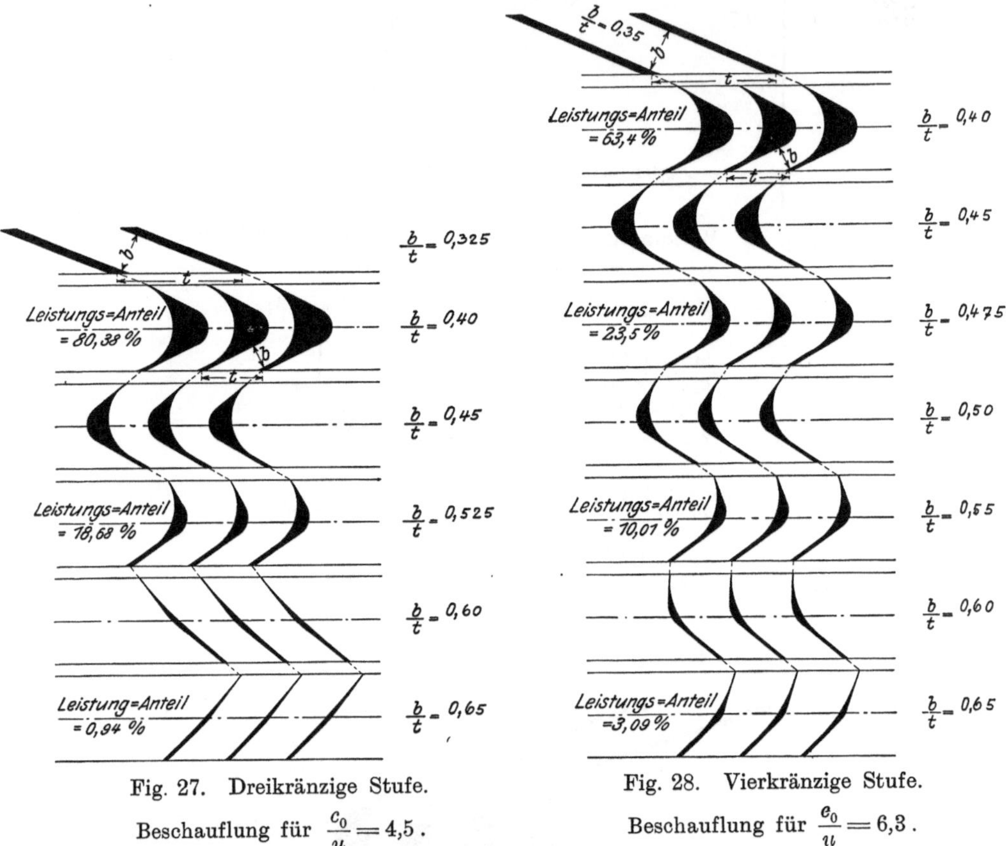

Fig. 27. Dreikränzige Stufe. Beschauflung für $\frac{c_0}{u} = 4{,}5$.

Fig. 28. Vierkränzige Stufe. Beschauflung für $\frac{c_0}{u} = 6{,}3$.

einkränziges Rad allmählich übergeht, ohne daß bestimmte Grenzwerte zwischen den einzelnen feststellbar sind. Voraussetzung ist hierbei, daß die Schaufeleintrittswinkel den sich nach den Geschwindigkeitsdreiecken ändernden Richtungen angepaßt werden.

Wesentlich anders verlaufen die Wirkungsgradkurven, wenn man die Beschauflungen (Fig. 20 bis 22) ohne Änderung der Eintrittswinkel mit erhöhten Umfangsgeschwindigkeiten, resp. kleinerem $\frac{c_0}{u}$ betreiben würde. In diesem Falle ergeben sich für die einzelnen Kurven Maximalwerte, die aber tiefer liegen als die Höchstwerte, die sich mit den Beschauflungen (Fig. 26 bis 28) ergeben, da infolge der durchweg zu kleinen Schaufeleintrittswinkel in allen Schaufeln Rückstöße (auf die konvexe Schaufelseite) auftreten, die den Wirkungsgrad herunterdrücken und die bereits früher ein Wiederabfallen veranlassen.

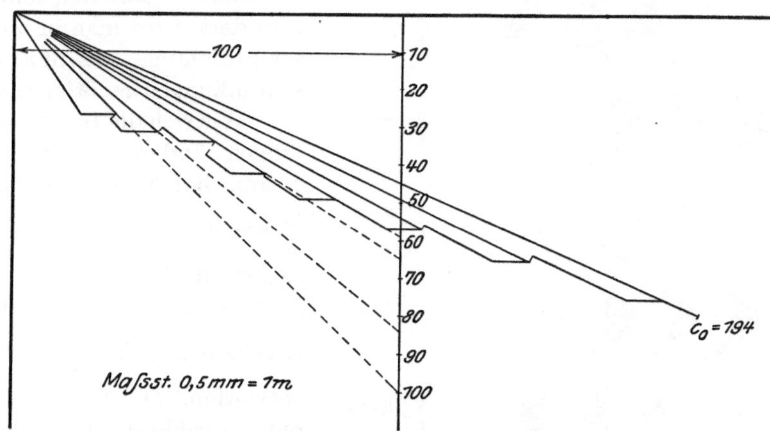

Fig. 29. Wirkungsgrad am Radumfang, vierkränzige Stufe.
$\varphi = 0{,}95$; ψ nach Fig. 10.

$$h = 4{,}5; \quad c_0 = 194; \quad u = 9{,}7; \quad \frac{c_0}{u} = 20.$$

$$\left.\begin{aligned} c_{1u} + c_{2u} &= 168 + 123{,}5 = 291{,}5 \\ c_{1u}' + c_{2u}' &= 106{,}5 + 74{,}0 = 180{,}5 \\ c_{1u}'' + c_{2u}'' &= 65{,}5 + 40{,}8 = 106{,}3 \\ c_{1u}''' + c_{2u}''' &= 37 + 16{,}8 = 53{,}8 \end{aligned}\right\} +$$

$$\Sigma c_u = 632{,}1$$

$$\eta_i = \frac{2u}{c_0^2} \cdot \Sigma c_u = \frac{2 \cdot 9{,}7}{194^2} \cdot 632{,}1 = 32{,}5\,\%.$$

Da stoßartige Dampfablenkungen besonders bei kleinen Ablenkungswinkeln auch hier keine wesentlichen Verluste bedingen können, wird die durch den Rückstoß vom Rad auf den Dampf übertragene Arbeit beim Durchströmen des Laufschaufelkanals zum Teil wieder nutzbar. Die Rückstoßverluste können gleichfalls nur empirisch und untrennbar von den Gesamtverlusten ermittelt werden.

Nachdem somit ein Stoßwinkel weder in der treibenden, noch ein solcher in der bremsenden Richtung größere Verluste hervorrufen kann, ergibt sich, daß man die gleiche Beschauflung unbedenklich bei einem größeren oder kleineren Werte von $\frac{c_0}{u}$ betreiben kann, als der, für den sie gerechnet ist. Wie weit man damit gehen kann, hängt lediglich von der Erwägung ab, ob der erreichbar günstigste Wirkungsgrad erzielt werden soll oder nicht. Da die Verwendung von C-Stufen ohnehin viele verschiedene Schaufelprofile erfordert, wird man in dieser Beziehung stets zu Einschränkungen genötigt sein.

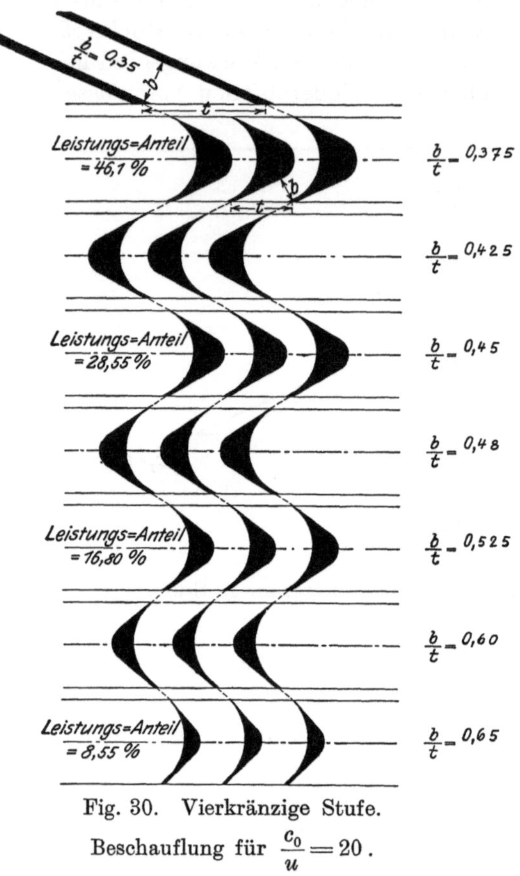

Fig. 30. Vierkränzige Stufe. Beschauflung für $\frac{c_0}{u} = 20$.

Wie sich die Beschauflungen ändern, wenn sie extrem hohen Werten von $\frac{c_0}{u}$ angepaßt werden sollen, zeigen die Fig. 29 und 30. Dort ist eine vierkränzige Beschauflung für $\frac{c_0}{u} = 20$ entworfen. Die früher bereits erwähnte Verschiebung des Leistungsanteils von den ersten nach den letzten Laufschaufelreihen hin kommt hier noch mehr zum Ausdruck. Der prozentuale Leistungsanteil, um den die letzten Schaufelreihen zunehmen, geht auf Kosten der ersten Reihe, was auch aus dem Geschwindigkeitsdiagramm und der Leistungsgleichung ohne weiteres zu erkennen ist.

15. Druckstau in den hinteren Schaufelreihen.

Bei der Berechnung des Wirkungsgrades für die brauchbarsten Werte von $\frac{c_0}{u}$ (Fig. 17 bis 19) aller drei Beschauflungen ergibt sich, daß in den letzten Schaufeln die nach Fig. 14 bis 16 eingesetzten Durchströmquerschnitte $f_s + f_{sp}$ zu klein sind, um den aus dem Geschwindigkeitsdiagramm sich ergebenden Dampfgeschwindigkeiten zu genügen. Es muß deshalb in diesen Querschnitten, um den Dampf hindurch zu treiben, eine Geschwindigkeitserhöhung eintreten, die nur durch Kompression des Dampfes auf Kosten der Ausnutzung in den vorhergehenden Schaufelreihen gewonnen werden kann. Daß in einem solchen Falle, der eine teilweise Überdruckwirkung des Dampfes darstellt, der Druckstau sich bis in die Düsen fortpflanzt, so daß in der Düse nur ein Teil der Stufenspannung expandiert, während der Rest innerhalb der Beschauflung nachexpandiert, ist abgesehen von solchen Fällen, in denen der Druckstau hoch wird und die Strömungsquerschnitte der ersten Schaufelreihen der Kontinuität des Freistrahls gerade genügen, unwahrscheinlich. Wenn der Druckstau sich bis in die Düsen fortpflanzt, dann beeinflußt er nicht nur den Wirkungsgrad, sondern auch die Strömungsmenge. Es treten dann also neue Unsicherheiten in die Rechnung ein. Im allgemeinen ist der Querschnitt im ersten Spalt hinter der Düse und auch in der ersten Laufschaufelreihe so reichlich, daß sich dort unter allen Umständen der Stufendruck einstellen wird und der Dampf beim Austritt aus der Düse voll expandiert. Der Dampf nimmt also im Spalt die dem gesamten Stufengefälle entsprechende Geschwindigkeit an, und wenn die Querschnitte der letzten Schaufeln zu klein sind, stellt sich innerhalb der Beschauflung eine Kompression ein, die dem Dampf die erforderliche erhöhte Geschwindigkeit zum Austritt aus den letzten Schaufeln erteilt. Die Energie, die zur Erzeugung dieser Kompression notwendig ist, geht selbstverständlich auf Kosten des Wirkungsgrades in den vorhergehenden Schaufeln. Da ein exakter Weg zur Berechnung dieses Vorganges ziemlich umständlich ist, wurde der Einfluß der Kompression, wie nachstehend an Hand des Diagrammes (Fig. 23) für ein zweikränziges Rad erklärt wird, berücksichtigt. In der Figur bedeuten w_{2s}, $c_1{}'_s$ und $w_2{}'_s$ die Dampfgeschwindigkeiten, die unter Voraussetzung der Gesamtquerschnitte $f_s + f_{sp}$ (Fig. 14) der Dampf annehmen muß, wenn der Kontinuitätsgleichung genügt werden soll. w_{2s} bezieht sich auf den engsten Austrittsquerschnitt der ersten Laufschaufel, $c_1{}'_s$ im gleichen Sinne auf die Umkehrschaufel und $w_2{}'_s$ auf die zweite Laufschaufel. Es ist dabei die Voraussetzung gemacht, daß das spezifische Dampfvolumen sich während des Durchströmens durch die Beschauflung nicht ändert, in der Annahme, daß die Volumenvergrößerung, die durch Verlustwärme eintritt, durch die Streuung des Dampfes in der Umfangsrichtung ausgeglichen wird. Das läßt sich zwar nur für partiell beaufschlagte Turbinen geltend machen, doch kommen für Beschauflungen, wie die hier besprochenen, fast ausschließlich solche in Frage.

Das Geschwindigkeitsdiagramm (Fig. 23) ist zunächst mit den Koeffizienten nach Fig. 10 berechnet, und es zeigt sich, daß die hierdurch sich ergebenden Geschwindigkeiten w_2 und $c_1{}'$ größer sind als die nach den Schaufelquerschnitten erforderlichen w_{2s} und $c_1{}'_s$. Die Geschwindigkeit $w_2{}'$ dagegen ist kleiner als $w_2{}'_s$. Der Dampf passiert also den ersten Lauf- und Leitschaufelquerschnitt ohne Druckstau. In der zweiten Laufschaufel jedoch muß sich die Geschwindigkeit von dem rechnungsmäßig sich ergebenden Werte $w_1{}'\psi$ durch Druckstau auf den Wert $w_2{}'_s$ erhöhen. Nachdem nun mittels der Antriebsformel $\eta_i{}' = \frac{2u}{c_0{}^2}\,\Sigma\,(c_u)$ der Wirkungsgrad der Beschauflung unter Einschluß der Geschwindigkeitszunahmen durch die Kompression ermittelt und aus $h_i{}' = \eta_i{}' \cdot h$ der entsprechende Wärmewert gefunden, wurde von diesem der Betrag der Kompression

$$h_c = \frac{A}{2g}\,[(w_2{}'_s)^2 - (w_1{}'\psi)^2]$$

in Abzug gebracht und $h_i = h_i{}' - h_c$ als indiziertes Gefälle angenommen, woraus sich mit $\eta_i = \frac{h_i}{h}$ die Werte ergeben, die den Wirkungsgradkurven (Fig. 31) zugrunde gelegt wurden.

Für die Berechnung von η_i der drei- und vierkränzigen Räder geben Fig. 24 und 25 ein Beispiel. Wie daraus hervorgeht, pflanzt sich der Druckstau für die angenommenen Schaufellängen beim dreikränzigen Rad auf die drei letzten, beim vierkränzigen auf die fünf letzten Schaufelreihen fort. Darin ist wieder ein Grund für die Tatsache zu finden, daß der Wirkungsgrad mit zunehmender Zahl der Geschwindigkeitsstufen abnimmt.

Es ist nach dem angewandten Rechnungsgang also die Annahme gemacht, daß die Umsetzung der kinetischen Strömungsenergie des Dampfes in den Kompressionsdruck mit dem mittleren Wirkungsgrade der Beschauflung vor sich geht. Dabei ist wiederum nicht berücksichtigt, daß mit der Kompression eine Verminderung des spezifischen Volumens verbunden ist, wodurch die Geschwindigkeiten $c_1{}'_s$ und $w_2{}'_s$ in Wirklichkeit etwas kleiner würden als in die Rechnung eingesetzt, so daß demnach der Kompressionsverlust etwas zu groß angenommen wäre.

Ferner wurde vernachlässigt, daß mit der Kompression, zumal die Spaltquerschnitte f_{sp} in den Strömungsquerschnitt miteinbezogen sind, zusätzliche Spaltverluste eintreten, die mit als Kompensation des zu groß eingesetzten Kompressionsverlustes betrachtet werden können.

Es ist noch darauf hinzuweisen, daß die besprochenen Wirkungsgrade sämtlich mit den in Fig. 14 bis 16 eingeschriebenen Werten von $\frac{b}{t}$ berechnet sind. Diese Werte weichen von den bei Fig. 20

bis 22 und Fig. 26 bis 28 angegebenen ab. Die Differenzen rühren daher, daß die Schaufeln Fig. 14 bis 16 mit veränderlicher Teilung angenommen wurden, und zwar ist mit zunehmendem Austrittswinkel die Teilung verkleinert, um auch bei den flachen Profilen eine möglichst günstige Dampfführung zu erzielen, Eine Ausnahme macht nur die Schaufel mit $\operatorname{tg}\alpha = 100\,^0/_0$, deren Austrittsende stärker und deren Teilung größer gehalten ist als bei den übrigen.

Im Gegensatz dazu erhielten sämtliche Schaufeln der Fig. 20 bis 22 und Fig. 26 bis 28 die gleiche Teilung. Diese Figuren zeigen, daß auch eine Einheitsteilung bei geeigneter Wahl der Verhältnisse brauchbare Beschauflungen ergibt. Dadurch wird unter anderem erreicht, daß die Werte $\frac{b}{t}$ für die letzten Schaufelreihen im Vergleich zu den ersten größer werden. Es ergeben sich dann bei gleichen Schaufellängen kleinere Kompressionsverluste, oder das Schaufellängenverhältnis kann gegenüber dem der Fig. 14 bis 16 reduziert werden.

16. Kurven des mittleren Wirkungsgrades am Radumfang.

In Fig. 31 sind die Wirkungsgradkurven für zwei-, drei- und vierkränzige Räder bis $\frac{c}{u} = 25$ eingezeichnet, obgleich in der Praxis für die ersten beiden so große Werte nicht in Betracht kommen, Es soll damit nur gezeigt werden, welcher Gewinn an Wirkungsgrad resp. Leistung im Verlaufe der Kurven durch Zufügung des dritten resp. vierten Laufkranzes zu erwarten ist. In Fig. 31 sind außerdem noch für die drei Beschauflungen Kurven eingezeichnet, die das Verhältnis $\frac{\eta_i}{\eta_n}$ zeigen, d. h. die Ausnutzung der verfügbaren Wärme, bezogen auf die Kurven der nutzbaren Energie (Fig. 6). Diese Kurven sind für zweikränzige Räder am günstigsten, für vierkränzige Räder am ungünstigsten. Es kommt darin zum Ausdruck, daß bei den zweikränzigen Rädern, wo der Austrittsverlust die Hauptrolle spielt, die Dampfausnutzung in den Schaufeln am günstigsten ist, während mit der Zufügung von Laufkränzen zwar die Austrittsverluste sich vermindern, durch die öftere Umkehrung des Dampfes in den Schaufeln aber eine Vergrößerung der in diesen eintretenden Verluste entsteht. Diese ist so bedeutend, daß mit dreikränzigen Rädern nie der maximale Wirkungsgrad zweikränziger und mit vierkränzigen Rädern nie der maximale Wert dreikränziger erreicht werden kann.

Nach den Kurven Fig. 31 liegt das vorteilhafteste Anwendungsgebiet zweikränziger Räder zwischen dem kleinsten erreichbaren Wert von $\frac{c_0}{u}$, der praktisch ca. 4 beträgt, und $\frac{c_0}{u} = 6$; dasjenige dreikränziger Räder zwischen $\frac{c_0}{u} = 6$ und $\frac{c_0}{u} = 10$, das vierkränziger Räder über 10. Je nachdem für gegebene Verhältnisse die Wirkungsgrade höher oder tiefer liegen, als nach Fig. 31, können sich auch die günstigsten Gebiete der drei Beschauflungsarten verschieben.

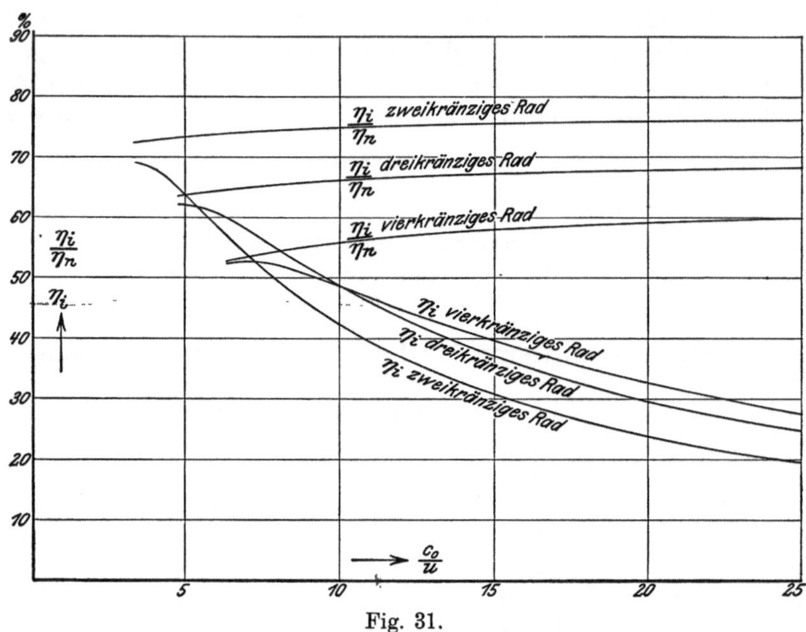

Fig. 31.

Für C-Stufen, die bei veränderlichem $\frac{c_0}{u}$ arbeiten müssen, kann der Fall eintreten, daß man ein vierkränziges Rad anwendet, wenn das kleinste $\frac{c_0}{u} = 7$, das größte $\frac{c_0}{u} = 20$ beträgt, d. h. wenn auf letzteren Betriebszustand mehr Wert zu legen ist, als auf ersteren.

Analog den idealen Geschwindigkeitsdiagrammen ergibt die Verbindungslinie aller Endpunkte der absoluten Austrittsgeschwindigkeit der Diagramme für η_i eine gerade Linie, deren unterer Schnittpunkt mit der Richtungslinie des Austritts der letzten Laufschaufel die Größe der absoluten Austrittsgeschwindigkeit bei Stillstand der Maschine darstellt. Der obere Teil dieser c_a-Kurve (s. Fig. 17 bis 19) weicht von der geraden Linie nach links ab, sobald Kompression an der Beschauflung eintritt, um zum Schluß, sobald die Axial-Projektion von w_2' beim zweikränzigen, w_2'' beim dreikränzigen und w_2'''

beim vierkränzigen Rad erreicht ist, auf dieser nach links zu verlaufen. Analog dem Verhalten von η_n ergibt sich auch bei den Maximalwerten von η_i die absolute Austrittsgeschwindigkeit aus der letzten Laufschaufelreihe nicht axial, sondern links von der Ordinatenaxe.

17. Umfangskräfte der Schaufeln.

Der untere Schnittpunkt der c_a-Kurven, sowie die für die Geschwindigungkeit $u = 0$ sich für die einzelnen Schaufeln ergebenden Dampfgeschwindigkeiten $c_1 \psi_1$; $c_1 \psi_1 \psi_2$ usf. gestatten, mit Hilfe der Beziehung $P_o = \frac{1}{g} \Sigma (c_u)$ in einfacher Weise die Umfangskraft bei

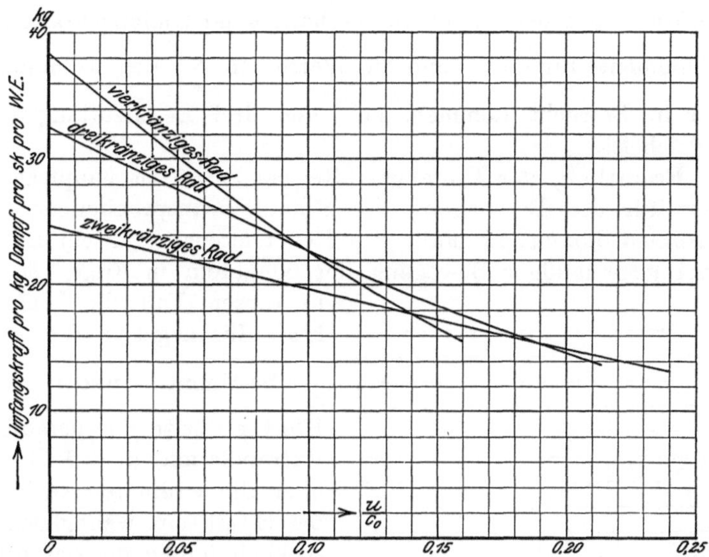

Fig. 32. Kurve der Radumfangskräfte „P“ am mittleren Schaufelkreisdurchmesser von C-Stufen, entsprechend Wirkungsgraden Fig. 31.

Stillstand zu berechnen. Diese sowie der gesamte Verlauf der Umfangskräfte sind in Fig. 32 aufgetragen, und zwar, um die Darstellung der Kurven bis $u = 0$ zu ermöglichen, über dem Verhältnis $\frac{u}{c_0}$. Die Kurven heziehen sich auf die Umfangskräfte, die sich aus den Wirkungsgradkurven Fig: 31 pro kg Dampf pro Sekunde und pro Wärmeeinheit verfügbares Gefälle ergeben. Mit Hilfe der Kurven ist es leicht möglich, die Umfangskraft eines C-Rades für beliebig gegebene Verhältnisse zu ermitteln, da sie sich im einfachen Verhältnis mit der sekundlichen Gesamt-Dampfmenge und proportional $\sqrt{h}$ mit dem Gefälle ändert. Geht man von den Wirkungsgraden aus, die sich für zweikränzige Räder bei $\frac{c_0}{u} = 5$, für dreikränzige bei $\frac{c_0}{u} = 7$ und für vierkränzige bei $\frac{c_0}{u} = 10$ ergeben haben, entsprechend den Reziprokwerten $\frac{u}{c_0} = 0{,}2$, $0{,}143$ und $0{,}1$, so findet man, daß die Umfangskraft bei Stillstand für

zweikränzige Räder um 66 %,
drei- „ „ „ 72 % und
vier- „ „ „ 69 %

steigt. Diese Werte zeigen, daß das Verhältnis der Umfangskräfte resp. der Drehmomente für $u = 0$ und die Werte von $\frac{c_0}{u}$, die als minimale praktisch in Betracht kommen, bei allen drei Beschauflungen ungefähr gleich ist.

Die Ermittlung der Umfangskräfte bei $u = 0$ ist hauptsächlich von Wert für die Berechnung der Schaufelbeanspruchungen. Bei Schiffsturbinen kommt im Falle des Reversierens sogar ein Dampfgeben bei gegenläufiger Bewegung der Schaufeln in Frage, so daß in diesem Fall die Umfangskraft für negative Werte von $\frac{u}{c_0}$ bestimmt werden muß. Hierfür dürfte eine geradlinige Extrapolation der P-Kurven über die Ordinatenaxe hinaus berechtigt sein, wenngleich tatsächlich infolge der sich erheblich vermehrenden Rückstoßverluste der Schaufeln eine Abweichung der Kurven nach unten eintreten wird.

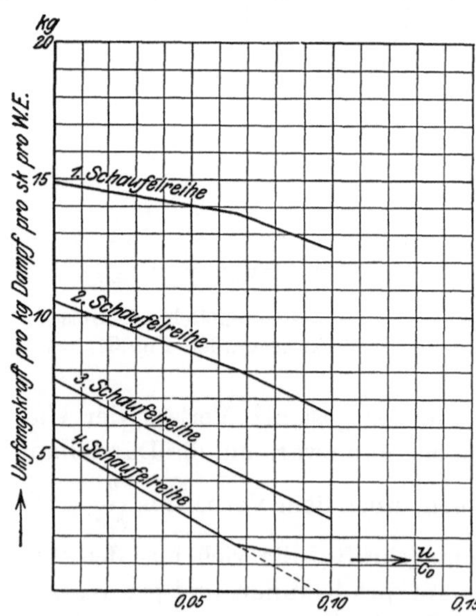

Fig. 33. Verteilung der Radumfangskräfte auf die Laufschaufeln des vierkränzigen Rades.

Zur Untersuchung der Schaufelbeanspruchungen ist es noch erforderlich, die Verteilung der Umfangskraft auf die einzelnen Schaufelkränze zu ermitteln. Das läßt sich einfach durchführen mit Hilfe der den Geschwindigkeitsdiagrammen beigeschriebenen Berechnungen, aus denen die auf jede Schaufelreihe entfallenden Komponenten c_u ohne weiteres entnommen werden können. Als Beispiel hierfür ist in Fig. 33 der Verlauf der Umfangskräfte für die vierkränzige Beschaufelung aufgetragen. Die Kurvenwerte beziehen sich wiederum auf 1 kg Dampfmenge pro Sekunde und 1 Kalorie Wärmegefälle pro Stufe. Die Kurven zeigen, wie mit abnehmender Umfangsgeschwindigkeit der Leistungsanteil der zweiten, dritten und vierten Laufschaufelreihe gegenüber der ersten zunimmt. Die geradlinige Verlängerung der P-Kurve für die vierte Reihe zeigt außerdem, daß bei kompressionsfreier Dampfwirkung der vierte Kranz bei $\frac{u}{c_0} = 0{,}095$ auch bei unendlich groß gedachter Schaufellänge keine Leistung mehr zu entwickeln imstande sein würde. Der bei $\frac{u}{c_0} = 0{,}67$ eingezeichnete Knick der P-Kurve entsteht durch die in der Beschauflung eintretende Kompression, wodurch die Umfangskraft resp. der Leistungsanteil der vierten Schaufelreihe sich erhöht auf Kosten der Schaufelreihen eins und zwei. Selbstverständlich würde ein anderes Erweiterungsverhältnis der Beschauflung sowohl die Form dieser Kurven als auch der Wirkungsgradkurven ändern.

Für die Untersuchung der Umkehrschaufeln dürfte es genügen, für P denjenigen Wert anzunehmen, der in der Mitte zwischen den P-Werten der beiden Laufschaufelreihen liegt, zwischen denen sich die Umkehrschaufeln befinden.

18. Ausnutzung der Austrittsgeschwindigkeit von C-Stufen.

Sind mehrere C-Stufen hintereinander angeordnet, so kann man darauf bedacht sein, in der letzten Stufe die Austrittsströmung der vorletzten usf. möglichst wieder nutzbar zu machen. Vorbedingung hierfür wäre konstante beaufschlagte Länge aller Stufen und genaue Deckung des Düseneintritts mit dem aus dem vorhergehenden Rad kommenden Dampfstrom. Diese Bedingungen lassen sich selten ganz erfüllen, es kann daher meistens nur eine teilweise Ausnutzung in Betracht kommen.

Wegen der kleinen Werte, die der tatsächliche Austrittsverlust im Verhältnis zum Stufengefälle annimmt, wird als Beispiel das zweireihige Rad gewählt, dessen Austrittsverlust der relativ größte ist. Als Vergleichsbasis ist in Fig. 34 die η_i-Kurve der Fig. 31 wiederholt.

Es werde angenommen, die Austrittsgeschwindigkeiten, die sich hierfür ergeben, seien in der vorhergehenden Stufe gleich groß, wie in der zu untersuchenden und können zu ihrem vollen Betrag h_2 ausgenutzt werden. Es müßte also der Fall vorliegen, daß die

Beaufschlagungslänge der Stufen konstant bleibt und ein minimaler Axialspalt zwischen letzter Laufschaufelreihe und folgender Düsenreihe möglich ist. Subtrahiert man h_2 vom Stufengefälle, das nunmehr an Stelle von h mit h_0 bezeichnet sei, so ist das in der Stufe zugesetzte Gefälle $h = h_0 - h_2$. Bei gleichem u wird

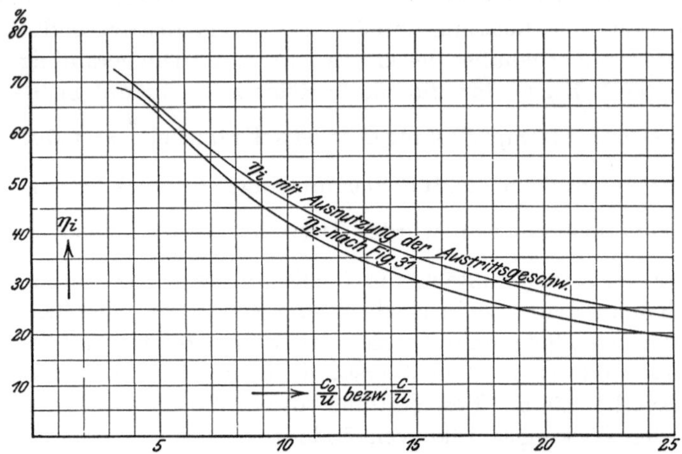

Fig. 34. Maximal erreichbarer Wirkungsgrad der zweikränzigen Stufe bei Ausnutzung der Austrittsgeschwindigkeit.

also das zugehörige Verhältnis $\frac{c}{u}$ kleiner als $\frac{c_0}{u}$. Das Nutzgefälle bleibt jedoch h_i; der Wirkungsgrad η_i steigt daher von $\eta_i = \frac{h_i}{h_0}$ auf $\eta_i = \frac{h_i}{h_0 - h_2}$. Da er zum einwandfreien Vergleich auf $\frac{c}{u}$ und nicht auf $\frac{c_0}{u}$ bezogen werden muß, rückt er nach links, so daß der Gewinn, selbst bei voller Ausnutzung, ein geringer bleibt, s. Fig. 34. Er ist dann am kleinsten, wenn die Dampfströmung aus der vorhergehenden Stufe in axialer Richtung erfolgt. In dem gebräuchlichsten Anwendungsgebiet zweikränziger Stufen, von $\frac{c_0}{u} = 4$ bis 6, ist der Gewinn selbst in dem hier angenommenen idealen Fall vernachlässigbar klein, für mehr als zweikränzige Räder kommt er im Verhältnis zur umgesetzten Energie überhaupt nicht zur Geltung.

2. Gruppe.

Vielstufen (D-, R-, RR-Stufen).

19. Allgemeine Grundsätze für die angewandten Berechnungen.

Auch in diesem Teil werden in Übereinstimmung mit der Entwicklung, die die Dampfturbinenpraxis vorwiegend genommen hat, nur Axialturbinen behandelt und es wird, wie üblich und auch für die erste Gruppe angenommen, die Umfangsgeschwindigkeit auf halber Schaufellänge in die Rechnung eingesetzt. Die Änderung, die das Verhältnis $\frac{c}{u}$ über der Schaufellänge tatsächlich erfährt und der Einfluß dieser Änderung auf den Wirkungsgrad wird also vernachlässigt.

Mit gleicher Berechtigung wird die Einwirkung der Zentrifugalkraft des Dampfes auf die Laufschaufeln vernachlässigt. Falls die Schaufeln außen mit Bandagen von einer Breite gleich der Schaufelbreite abgeschlossen sind, wirkt die Zentrifugalkraft des im Kanal befindlichen Dampfes auf die Bandage. Nimmt man einen extremen Fall an: Eine Turbine verbraucht 36000 kg D/st bei einer Umfangsgeschwindigkeit von 250 m/sk (1590 mm ϕ, $n = 3000$). Haben die Laufschaufeln eine Breite von 30 mm, über die der Dampf mit einer mittleren Axialgeschwindigkeit von 180 m/sk strömt, dann wird die Zentrifugalkraft, die auf die Bandage wirken könnte:

$$C = \frac{36000}{g \cdot 3600} \frac{250^2}{0{,}795} \frac{0{,}03}{180} = 13{,}4 \text{ kg pro Kranz.}$$

Die äußerst kurze Zeit von $\frac{0{,}03}{180}$ sk, während der die Zentrifugalkraft in diesem Fall auf den Schaufelkranz zur Wirkung kommt, bedingt also ihren vernachlässigbar kleinen Wert.

Bei außen offenen Schaufeln wirkt dieser Zentrifugaldruck auf das Gehäuse, vermehrt also, da er eine lokale Spaltkompression bewirkt, den Spaltverlust.

Die Radialturbinen, die diese Nachteile nicht aufweisen, werden trotzdem außer Betracht gelassen, denn die radiale Stufenanordnung hat andere, durch die erforderliche Vielstufenausführung begründete Nachteile zur Folge, durch die sie für die Dampfturbinenkonstruktion weniger brauchbar ist, als die Axialstufenanordnung.

Die Geschwindigkeitsdreiecke werden in Übereinstimmung mit denen der C-Stufen stets so aufgetragen, daß alle Strömungen, die eine Antriebsgeschwindigkeit oder eine Antriebskraft liefern, von der Ordinatenaxe aus nach rechts aufgetragen werden. Dann erscheinen alle u-Komponenten in entgegengesetztem Richtungssinne von rechts nach links weisend, und soweit sie auf die linke Seite der Ordinatenaxe fallen, liefern sie negative Arbeitswerte, d. h. sie liefern einen Teil der vorher dem Dampf entnommenen Arbeit wieder zurück, indem sie ihn im Bewegungssinn von u antreiben.

20. Ausnutzung der Austrittsgeschwindigkeit.

In der ersten Gruppe haben sich unabhängige einkränzige Stufen als einkränzige Turbinen wegen der unvermeidlichen Größe ihres Austrittsverlustes als unrationell erwiesen. Sie gewinnen eine praktische Bedeutung erst in Vielstufenturbinen, die mit Ausnutzung der Austrittsgeschwindigkeit jeder Stufe in der nächstfolgenden arbeiten. Bei solchen Turbinen geht lediglich der Austrittsverlust der letzten einkränzigen Stufe, die nur einen Bruchteil des Gesamtwärmegefälles umsetzt, verloren, während die Austrittsverluste der vorhergehenden Stufen zum größten Teil zur nutzbaren Arbeitsabgabe herangezogen werden können. Streng genommen hat man den endgültigen Austrittsverlust als eine in den gesamten Stufen sich sukzessive summierende Größe anzusehen, wobei je nach der Abstufung stellenweise auch eine Reduktion ihres Wertes eintreten kann. Es besteht demnach ein wesentlicher Unterschied der dynamischen Vorgänge, je nachdem man eine einkränzige einstufige Turbine oder eine Einzelstufe einer vielstufigen Turbine untersucht. Bei der letzteren Stufenart wird unter allen Umständen ein größerer Prozentsatz der verfügbaren Energie nutzbar als bei der ersteren. Wenn die Eintrittsgeschwindigkeit größer wird als die Austrittsgeschwindigkeit, was beim Übergang von einer Stufengruppe auf die nächste häufig eintritt, kann die nutzbare Energie sogar größer werden, als die für die Stufe verfügbare Zusatzenergie. Letztere kann bei großen Sprüngen der aufeinanderfolgenden Durchgangsquerschnitte sogar ganz verschwinden, so daß in diesem Fall eine Stufe als Geschwindigkeitsstufe zur vorhergehenden arbeitet und für sich betrachtet den Wirkungsgrad $\eta_i = \infty$ ergibt. Man kommt daher zu Trugschlüssen, wennn man die Dampfwirkungen in einer einstufigen Turbine auf die vielstufige, so wie diese üblicherweise ausgeführt wird, überträgt. Das wäre nur dann berechtigt, wenn eine vielstufige Turbine aus lauter einstufigen zusammengesetzt würde, d. h. so, daß der Austrittsverlust aus jeder Stufe vernichtet und nicht in der folgenden nutzbar wird.

21. Konstruktive Einteilung der Vielstufenturbinen.

Es gibt konstruktiv genommen zwei Arten der einkränzigen Vielstufenturbine:

a) **Trommelturbinen,** bei denen alle Laufschaufelreihen auf zylinderförmigen, kegelförmigen oder abgestuften Hohlkörpern befestigt sind und bei denen mit Spaltverlusten am inneren Umfang der Leitschaufelreihen resp. am äußeren Umfang der Laufschaufelreihen zu rechnen ist. Die Trommelkonstruktion erzeugt durch die Druckdifferenzen, die zwischen den Stirnseiten der Trommel entstehen, einen bedeutenden Axialschub, der durch Ausgleichkolben mit Labyrinthdichtungen oder Gegenschaltung von Trommeln zum größten Teil eliminiert werden muß, da seine Werte für die Abstützung durch Drucklager in der Regel zu groß sind.

b) **Kammerturbinen,** bei denen jede Laufschaufelreihe auf einem Rad in einer besonderen Kammer des Gehäuses angeordnet ist. Hierbei reduzieren sich die Verlustspalte auf den Wellendurchmesser und infolge der kleineren Prozentualwerte, die die Spaltverluste annehmen, sowie wegen der Möglichkeit, mit der Radkonstruktion höhere Umfangsgeschwindigkeiten zu erreichen; als mit der Trommelkonstruktion, nutzt man mit dem Kammersystem im allgemeinen größere Gefälle pro Stufe aus als mit dem Trommelsystem. Es ergeben sich demnach kleinere Stufenzahlen. Hand in Hand damit geht eine kurze Baulänge, die in mehrfacher Beziehung erwünscht ist. Da außerdem die Dampfdruckdifferenzen von den Zwischenwänden des Turbinengehäuses resp. der einzelnen Kammern getragen werden, entsteht meistens nur ein geringer Axialschub, der ohne Verwendung von Ausgleichkolben durch Drucklager aufgenommen werden kann.

22. Beurteilung der Wirkungsgrade ohne Rücksicht auf konstruktive Variationen.

Die nachfolgenden Betrachtungen gelten, solange keine Strömungsquerschnitte in Frage kommen, ohne Rücksicht auf die konstruktive Anordnung, d. h. es wird wie bei den C-Stufen lediglich die Dampfwirkung innerhalb der aktiven Schaufelkanäle untersucht. Betont sei nochmals, daß für die Kammerturbinen lediglich reine Druckwirkung, oder nur ganz geringer Überdruck zwischen Einström- und Ausströmseite der Laufschaufeln in Frage kommen kann. Andernfalls treten außer den Stopfbuchsenverlusten Schaufelspaltverluste ein und es würde ein Überdruck an den Laufrädern erzeugt, der nicht mehr durch Drucklager aufgenommen werden kann, so daß dadurch die Hauptvorteile der Kammerkonstruktion verloren gehen würden. Abgesehen von den Spaltverlusten, die bei der Trommelkonstruktion eine weit größere Rolle spielen als bei den C-Stufen, und der Ausnutzung des Austrittsverlustes der einzelnen Stufen, mit Ausnahme des in der letzten Stufe eintretenden, fallen noch die in Abschnitt 2 ad 1 c und ad 2 b/d angeführten Verluste bei Beschauflungen der zweiten Gruppe geringer ins Gewicht. Alle anderen Verluste, die in der Einleitung angeführt wurden, haben einen ähnlichen Einfluß wie dort.

23. Verschiedene Arten der Dampfwirkung in der Vielstufenturbine.

In Anlehnung an die bei Wasserturbinen üblichen Benennungen bezeichnet man die Dampfturbinen in bezug auf die Dampfwirkung in den Schaufeln entweder als Aktions- resp. Druckturbinen, oder als Reaktions- resp. Überdruckturbinen. Bei Wasserturbinen ist die metrische Druckhöhe identisch mit der Flächenpressung pro Quadratmeter dividiert durch das konstante spezifische Gewicht γ pro Kubikmeter. Es ist daher bei letzterer gleichgültig, ob man dem „Reaktionsgrad" den Flächendruck oder die Druckhöhe zugrunde legt. In der Dampfturbinenpraxis hat man die erwähnten Bezeichnungen übernommen unter Zugrundelegung der Wärmegefälle, die im Laufrad, bezogen auf das gesamte Stufengefälle, in Strömungsgeschwindigkeit umgesetzt werden. Allgemein wird die Parsonstrommel, deren einzelne Stufen Leit- und Laufschaufeln mit gleichen Profilen, Winkeln und Durchströmquerschnitten besitzen, als eine solche mit $50\,^0/_0$ „Reaktion" bezeichnet. Diese Bezeichnung ist nicht ganz korrekt. Wenn h das gesamte verfügbare Wärmegefälle einer Stufe ist, setzt man hierbei voraus, daß das in der Leitschaufel in Geschwindigkeit umgesetzte Gefälle h_e gleich dem in der Laufschaufel umgesetzten h_a ist. Der „Reaktionsgrad" wäre also gegeben durch

$$\varrho = \frac{h_a}{h}.$$

Die Voraussetzung, daß ϱ in den einzelnen Stufen einer solchen Turbine den Wert 0,5 hat, trifft in den meisten Fällen nicht zu,

1. weil wegen der mit der Dampfexpansion erfolgenden Volumenänderung sich im Laufschaufelaustritt eine größere Geschwindigkeit einstellen muß als im Leitschaufelaustritt,

2. weil sich ϱ auch mit dem Dampfdruckgebiet, in dem die Stufe arbeitet, ändert,

3. weil ϱ weiterhin von dem Verhältnis der absoluten Ein- und Austrittsgeschwindigkeit des Dampfes zur Stufe abhängt.

In Wirklichheit haben daher solche Stufen nur in Ausnahmefällen ein $\varrho = 0,5$. In der Regel ist das Verhältnis größer. Es kann deshalb nur mit grober Annäherung aus dem Kennzeichen gleicher Leit- und Laufschaufelprofile ein „Reaktionsgrad" $\varrho = 0,5$ hergeleitet werden. Die exakte Größe von ϱ kann nur für jede Stufe einzeln aus der Energiebilanz gewonnen werden.

Wie hieraus bereits zu erkennen, kommen praktisch nicht nur die „Reaktionsgrade" Null (Druckturbine) und 0,5 vor; wie später gezeigt wird, ist sogar der ganze Bereich des Überdruckgebietes von $\varrho = 0$ bis $\varrho = 1$ praktisch brauchbar und folglich müssen dem Begriff der Überdruckturbine viel weitere Grenzen gezogen werden als üblich.

Die Bezeichnung „Reaktionsgrad" für ϱ kann nur auf das Gefällsverhältnis $\frac{h_a}{h}$ bezogen werden, nicht aber auf das Verhältnis der Dampfdruckverteilung oder das Verhältnis der durch den Gegendruck der Laufschaufelausströmung gewonnenen Umfangskraft zur gesamten Umfangskraft.

Die einzige Ausnahme hiervon bildet der Grenzfall mit $\varrho = 0$, d. h. die reine Druck- oder Freistrahlsturbine, sowie $\varrho = 1$, d. h. die reine Überdruckturbine. Streng genommen ist die Benennung Gefällsverhältnis für ϱ die korrekteste. Um aber den geläufigen Begriff „Überdruckturbine" beibehalten zu können, wird ϱ nachfolgend als Überdruckverhältnis bezeichnet.

24. Abgekürzte Stufenbezeichnung D-, R- und RR-Stufen.

In Hinsicht auf die später nachzuweisende Brauchbarkeit des ganzen Überdruckgebietes, d. h. aller Überdruckverhältnisse von $\varrho = 0$ bis $100\,^0/_0$ werden die meisten Untersuchungen auf die drei charakteristischen Fälle $\varrho = 0$, 0,5 und 1 ausgedehnt. Die reine Druckstufe resp. reine Druckturbine wird der Abkürzung wegen mit D-, die Überdruckstufe mit kongruenten Ein- und Austrittsdreiecken als R-Stufe und die Stufe mit reinem Laufschaufelüberdruck als RR-Stufe bezeichnet.

25. Ideale Geschwindigkeitsgrößen der drei Grenzfälle bei geradliniger Bewegung und einstufiger Energiewandlung.

Die Energieübertragung von Dampf auf einen festen Körper sei zunächst im einstufigen Vorgang betrachtet und zwar der Einfachheit halber bei geradliniger Bewegung des Körpers, der als Laufschaufel bezeichnet sei.

Die Dampfströmung wird stoß- und reibungsfrei und die Stromumlenkung in der Laufschaufel beim D-Vorgang um 180^0, beim R-Vorgang um 90^0 und beim RR-Vorgang um 0^0 gedacht. Bei letzterem ist die Schaufelachse geradlinig und die Strömung entgegengesetzt zur Bewegungsrichtung zu denken. Alle drei Fälle sind bei geradliniger Bewegung der Schaufel wegen der Schwierigkeit der Dampfzufuhr praktisch unausführbar; sie werden nur zur Erklärung der gegenseitigen idealen Beziehungen erwähnt.

Wenn $c = \sqrt{\frac{2g}{A}h}$ den Geschwindigkeitswert des verfügbaren Gesamtgefälles h bezeichnet, liegt das Maximum der nutzbaren Energie, wie aus den Fig. 35 bis 37 hervorgeht:

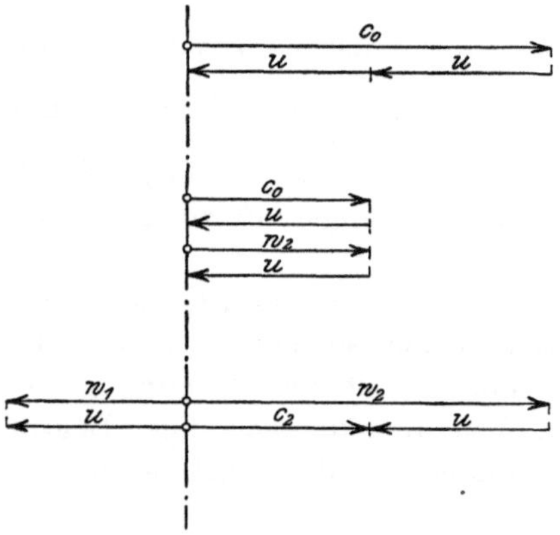

für D bei $\frac{c}{2}$

„ R „ $\frac{c}{\sqrt{2}}$

„ RR „ $\frac{c}{2}$.

Fig. 35 bis 37. Übertragung von Strömungsarbeit auf geradlinig bewegte Körper.

Das in der Schaufel maximal nutzbare Gefälle h_n läßt sich wie folgt durch die Schaufelgeschwindigkeit u ausdrücken:

Für D, s. Fig. 35,

$$u = \frac{c}{2} = \frac{c_0}{2}$$

$$h_n = \frac{A}{2g}c^2 = \frac{A}{2g}c_0^{\,2} = \frac{A}{g}2u^2.$$

Für R, s. Fig. 36, $u = \frac{c}{\sqrt{2}} = c_0 = w_2$

$$h_n = \frac{A}{2g}c^2 = \frac{A}{2g}2c_0^{\,2} = \frac{A}{g}u^2.$$

Für RR, s. Fig. 37, $u = \frac{c}{2} = w_1 = \frac{w_2}{2} = c_2$

$$h_n = \frac{A}{2\,g}\,\frac{c^2}{2} = \frac{A}{2\,g}\left(w_2{}^2 - u^2 - c_2{}^2\right) = \frac{A}{g}\,u^2.$$

Die nutzbaren Gefälle verhalten sich also bei gleichem u

für D : R : RR
wie 2 : 1 : 1.

Zu beachten ist, daß bei dem D- und R-Vorgang das maximal nutzbare Gefälle gleich dem verfügbaren ist, beim RR-Vorgang dagegen nur halb so groß. Die absolute Eintrittsgeschwindigkeit ist hier gleich Null zu setzen. Der Dampf muß in der Laufschaufel und durch sie erst auf die Geschwindigkeit u beschleunigt werden. Die Beschleunigung geschieht auf Kosten der verfügbaren und der Nutzenergie, weil in der Schaufel ein Beschleunigungsdruck von der Größe $\frac{A}{g}\,u$ entgegen der Bewegungsrichtung u entsteht. Beim Austritt aus der Laufschaufel ist daher von der relativen Austrittsgegeschwindigkeit w_2 nur der Betrag $w_2 - u = c_2$ zur Erzeugung der Antriebsgröße nutzbar. Die absolute Austrittsgeschwindigkeit c_2 liefert demnach die nutzbare Antriebskraft. Der Arbeitswert $\frac{A}{2\,g}\,c_2{}^2$ geht jedoch als Austrittsverlust für die Nutzarbeit verloren.

Nach der Regel vom Antrieb ergibt sich das gleiche Resultat. Die Antriebsgröße $\frac{A}{g}\,w_2$ wird durch die Eintrittsbeschleunigung um den Geschwindigkeitswert u reduziert. Für das Nutzgefälle ergibt sich daher ohne weiteres die mit der obigen identische Formel:

$$h_n = \frac{A}{g}\,u\,(w_1 - u) = \frac{A}{g}\,u\,c_2\,.$$

Reduziert man u unter den Wert $\frac{c}{2}$, so wächst der Austrittsverlust, bis h_n bei $u = 0$ verschwindet, vergrößert man u über $\frac{c}{2}$ hinaus, dann wächst der Beschleunigungsverlust, bis h_n bei $u = c$ gleichfalls verschwindet. Es ist also beim einstufigen RR-Vorgang maximal nur das halbe verfügbare Gefälle nutzbar.

Soll daher in allen drei Fällen das gleiche Nutzgefälle erzielbar sein, dann ergeben sich die hierzu erforderlichen Umfangsgeschwindigkeiten:

	Fig. 38		Fig. 39		Fig. 40
Für	D	:	R	:	RR
wie	u	:	$\sqrt{2}\,u$	:	$2\,u$

Würde man diese Verhältniszahlen der Einstufenturbinen auf Vielstufen anwenden, dann müßte die R-Turbine für dasselbe Gesamtgefälle die doppelte Stufenzahl erhalten wie die D-Turbine, oder bei gleicher Stufenzahl eine um $\sqrt{2}$ mal größere Tourenzahl oder Umfangsgeschwindigkeit.

Obige Beziehungen haben außerdem zu der Anschauung geführt, daß die Turbine mit 100% Überdruck praktisch unbrauchbar ist, weil für die Voraussetzung „gleiches Nutzgefälle" (Fig. 38 bis 40) das verfügbare Gefälle der D-, R- und RR-Turbine sich wie 1 : 1 : 2 verhalten müßte.

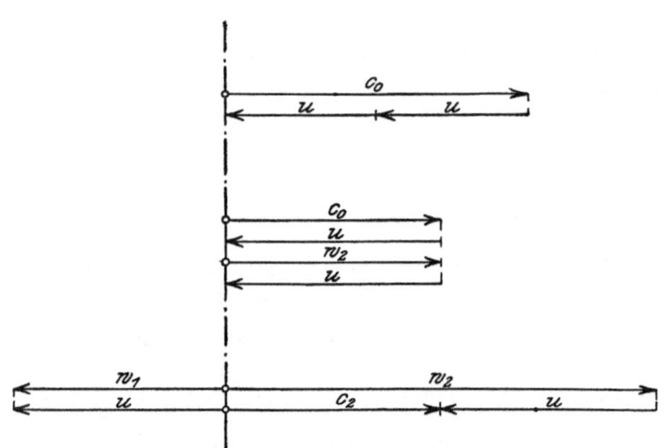

Fig. 38 bis 40. Übertragung von Strömungsarbeit auf geradlinig bewegte Körper.

Diese Folgerungen sind, wie erwähnt, sämtlich nicht zutreffend, weil die vorstehenden Werte nur für die einstufige Turbine Gültigkeit haben. Bei vielstufigen Turbinen ist, wie sich später ergibt, für alle drei Stufenarten praktisch nahezu das gesamte verfügbare Gefälle auch nutzbar und der Einfluß, den das Überdruckverhältnis auf Stufengefälle resp. Umfangsgeschwindigkeit hat, verliert sich mehr oder weniger. Andernfalls wäre nicht nur die reine vielstufige Überdruckturbine unbrauchbar, sondern auch die mit ca. 50% Überdruck der Druckturbine bedeutend unterlegen[1]).

26. Anwendung der drei Idealfälle auf die einstufige Axialturbine.

Wendet man die Beispiele des vorigen Abschnittes auf die Axialturbine an, dann tritt die Bedingung auf, daß der Dampf unter einem gewissen Winkel zur Drehebene in das Schaufelrad einströmen muß.

[1]) Ausführliche Ableitung der dynamischen Vorgänge siehe „Strömungsenergie und mechanische Arbeit" vom Verfasser. Julius Springer 1913.

Die Axialkomponente, die dadurch entsteht, ist erforderlich, um eine Strömung durch das Rad und damit eine Arbeitsleistung desselben zu ermöglichen.

Die Leitschaufeleintrittsgeschwindigkeit resp. ihr Gefällswert sei, wie üblich, vernachlässigt, was bei relativ großem Eintrittsquerschnitt berechtigt ist.

a) D-Turbine (Fig. 41).

In der Figur ist ein mittlerer Leitschaufelaustrittswinkel

$$\operatorname{tg} \alpha = 52\,\%, \quad \alpha = 27^0\,30', \quad \sin \alpha = 0{,}46, \quad \cos \alpha = 0{,}887$$

angenommen. Die Laufschaufelaustrittsneigung w_2 wird gleich der Laufschaufeleintrittsneigung, gleich der Lage der aus c_0 und u sich ergebenden Relativströmung w_1 angenommen.

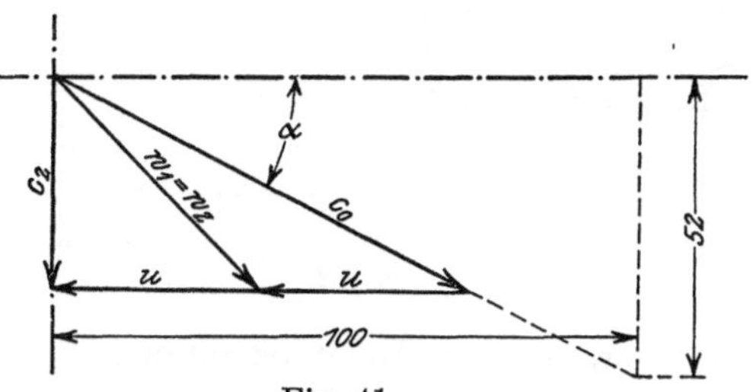

Fig. 41.

Dann ist das verfügbare Gefälle gegeben durch:

$$h = \frac{A}{2\,g}\,c^2 = \frac{A}{2\,g}\,c_0^{\,2},$$

das nutzbare durch

$$h_n = \frac{A}{2\,g}\,(c_0^{\,2} - c_2^{\,2}).$$

Hierin $c_2^{\,2} = c_0^{\,2} + 4\,u^2 - 4\,c_0\,u \cos \alpha$ eingesetzt, ergibt:

$$h_n = \frac{A}{g}\,2\,u\,(c_0 \cos \alpha - u).$$

Dies wird ein Maximum, wenn c_2 ein Minimum ist, d. h. wenn $c_2 = c_0 \sin \alpha$

$$h_{n\,max} = \frac{A}{2\,g}\,c_0^{\,2}\,(1 - \sin^2 \alpha)$$

$$= \frac{A}{g}\,u\,c_0 \cos \alpha$$

$$= \frac{A}{g}\,2\,u^2.$$

Das Nutzverhältnis ist:

$$\eta = \frac{h_n}{h} = \frac{4\,u\,(c_0 \cos \alpha - u)}{c_0^{\,2}} = 4\left(\frac{u}{c_0} \cos a - \frac{u^2}{c_0^{\,2}}\right).$$

Sein Maximalwert wird erreicht mit

$$\eta_{n\,max} = 1 - \sin^2\alpha = \cos^2\alpha$$
$$= 2\frac{u}{c_0}\cos\alpha = 4\left(\frac{u}{c_0}\right)^2,$$

d. h. mit $u = \frac{c}{2}$ bei dem ideellen Wert $\alpha = 0^0$.

Das Überdruckverhältnis ist Null.

b) R-Turbine (Fig. 42).

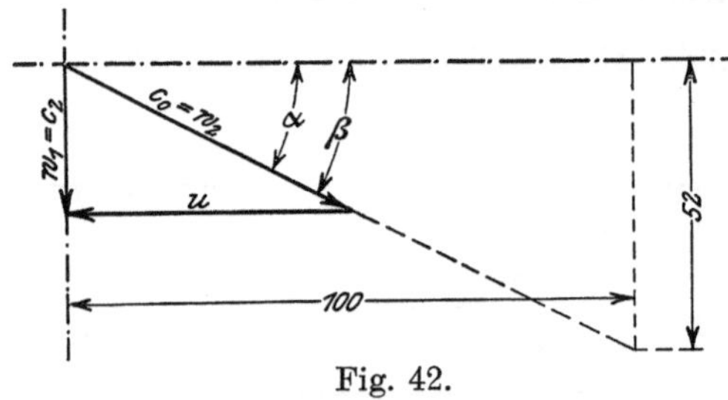

Fig. 42.

Leit- und Laufschaufelaustrittsneigung und die zugehörigen Geschwindigkeiten seien einander gleich und ihre Tangente ist in der Figur ebenfalls $52\,^0/_0$ angenommen. Der Laufschaufeleintritt sei gleich der Lage der sich aus c_0 und u ergebenden Relativströmung w_1.

Das verfügbare Gefälle ist:

$$h_n = \frac{A}{2\,g}c^2 = \frac{A}{2\,g}(c_0^{\,2} + w_2^{\,2} - w_1^{\,2})$$
$$= \frac{A}{2\,g}(2\,c_0^{\,2} - c_2^{\,2}).$$

Hierin $c_2^{\,2} = c_0^{\,2} + u^2 - 2\,c_0\,u\cos\alpha$ eingesetzt, ergibt:

$$h = \frac{A}{2\,g}(c_0^{\,2} - u^2 + 2\,c_0\,u\cos\alpha).$$

Das nutzbare Gefälle ist:

$$h_n = \frac{A}{2\,g}(c_0^{\,2} - w_1^{\,2} + w_2^{\,2} - c_2^{\,2}) = \frac{A}{g}(c_0^{\,2} - c_2^{\,2})$$
$$= \frac{A}{g}u(2\,c_0\cos\alpha - u).$$

Dies wird ein Maximum, wenn c_2 ein Minimum ist, d. h. bei $c_2 = c_0\sin\alpha$

$$h_{n\,max} = \frac{A}{g}c_0^{\,2}(1 - \sin^2\alpha) = \frac{A}{g}c_0^{\,2}\cos^2\alpha$$
$$= \frac{A}{g}u^2.$$

Das Nutzverhältnis ist:

$$\eta_n = \frac{2\,u\,(2\,c_0 \cos\alpha - u)}{c^2}$$

oder wenn man c_0 durch u und c ausdrückt,

$$c_0 = u\left(\sqrt{\cos^2\alpha + 1 + \frac{c^2}{u^2}} - \cos\alpha\right)$$

$$\eta_n = 4\,\frac{u^2}{c^2}\left(\cos\alpha\sqrt{\cos^2\alpha + 1 + \frac{c^2}{u^2}} - \cos^2\alpha - \frac{1}{2}\right)$$

maximal bei $\dfrac{u}{c_0} = \cos\alpha$

$$\eta_{n\,max} = 2\,\frac{c_0^{\,2}}{c^2}(1 - \sin^2\alpha) = 2\,\frac{c_0^{\,2}}{c^2}\cos^2\alpha$$

$$= \frac{1 - \sin^2\alpha}{1 - \dfrac{\sin^2\alpha}{2}}$$

$$= 2\,\frac{u^2}{c^2},$$

d. h. wenn $\quad u = \dfrac{c}{\sqrt{2}}$ bei $\alpha = 0$.

Auf $\dfrac{c}{u}$ und α bezogen, liegt der Maximalwert für η_n bei

$$\frac{c}{u} = \sqrt{\frac{1}{\cos^2\alpha} + 1},$$

wozu man gelangt, wenn in $\dfrac{u}{c_0} = \cos\alpha$ obiger Ausdruck für c_0 eingesetzt wird.

Soll η_n über $\dfrac{u}{c_0}$ dargestellt werden, was zu Vergleichszwecken erwünscht ist, dann wird

$$\eta_n = \frac{2\,u\,(2\,c_0 \cos\alpha - u)}{c_0^{\,2} - u^2 + 2\,c_0\,u\cos\alpha}$$

$$= \frac{2\,\dfrac{u}{c_0}\left(2\cos\alpha - \dfrac{u}{c_0}\right)}{1 - \dfrac{u}{c_0}\left(\dfrac{u}{c_0} - 2\cos\alpha\right)}.$$

Das Überdruckverhältnis ist variabel

$$\varrho = \frac{c_0^{\,2} - c_2^{\,2}}{2\,c_0^{\,2} - c_2^{\,2}} = \frac{1 - \sin^2\alpha}{2 - \sin^2\alpha},$$

d. h. stets kleiner als 0,5, der zweite Ausdruck gilt nur für $\eta_{n\,max}$, wobei $\varrho = \frac{\eta_{n\,max}}{2}$. Daraus folgt, daß ϱ bei $\alpha = 0$ den Wert 0,5 hat und mit zunehmendem α abnimmt, bis $\varrho = 0$ bei $\alpha = 90^0$. Bei letzterem Winkel wird auch u und damit $h_n = 0$.

c) RR-Turbine (Fig. 43).

Die Turbine erhält eine Laufkanalform L_a nach Fig. 43a. Ein- und Austrittsrichtung sind einander parallel und haben gleichfalls $52\,^0/_0$ Neigung.

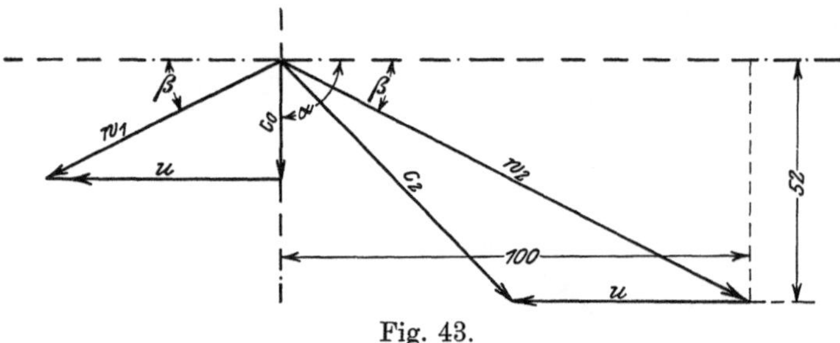

Fig. 43.

Zur Erzeugung der Axialströmung ist eine axial gerichtete Leitvorrichtung L_e notwendig, die zum Zweck stoßfreien Eintritts eine Strömung von der Größe $c_0 = u \operatorname{tg} \beta$ bewirkt. Es muß also zunächst in der Leitvorrichtung ein Teil des verfügbaren Gefälles in Geschwindigkeit umgesetzt werden. Diese Strömung kann im Laufkanal wieder in Druck verwandelt werden, wenn man den Kanal hinter dem Eintritt zunächst erweitert, und zwar bis auf den durch den Leitschaufeleintritt gegebenen Querschnitt. Erhält der Kanal gleichzeitig eine axial endigende Krümmung, Fig. 43a, so wird dadurch die Umfangskomponente der Relativgeschwindigkeit w_1 in eine Absolutgeschwindigkeit u verwandelt. Die hierfür erforderliche Antriebsgröße liefert der Laufkanal. Verjüngt man danach den Kanal wieder symmetrisch zur geraden Achsenrichtung, so entwickelt sich die relative Austrittsgeschwindigkeit w_2. Deren Bewegungsgröße hat erstens den Antrieb für die Be-

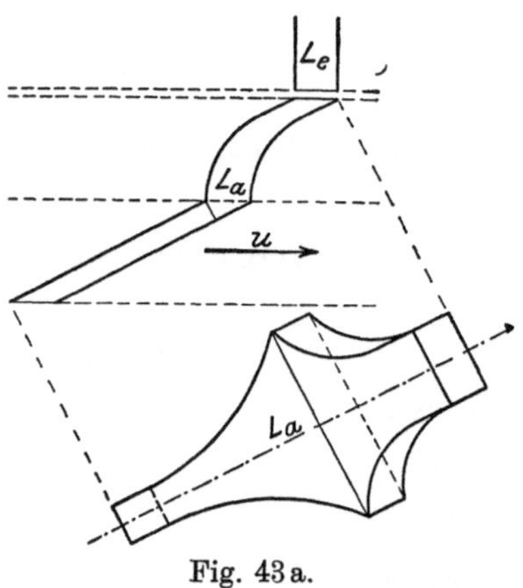

Fig. 43a.

schleunigung des eintretenden Dampfes auf die Geschwindigkeit u und zweitens den der Nutzarbeit zu liefern.

Somit erscheint die dem gesamten verfügbaren Gefälle entsprechende Druckhöhe im Laufkanal und eine solche Turbine wäre als reine Überdruckturbine zu bezeichnen. Folglich ergibt sich das gesamte verfügbare Gefälle aus:

$$h = \frac{A}{2g} c^2 = \frac{A}{2g}(c_0^2 + u^2 + w_2^2 - w_1^2) = \frac{A}{2g} w_2^2,$$

es wird demnach durch den Relativwert der Laufschaufelausströmung repräsentiert und bleibt mit diesem konstant.

Das nutzbare Gefälle ist:

$$h_n = \frac{A}{2g}(c_0^2 - w_1^2 + w_2^2 - c_2^2) = \frac{A}{2g}(c_0^2 - w_1^2 + c^2 - c_2^2).$$

Hierin $c_0^2 - w_1^2 = -u^2$ und $c_2^2 = c^2 + u^2 - 2\,cu\cos\beta$ eingesetzt, ergibt

$$h_n = \frac{A}{2g}(2\,cu\cos\beta - 2\,u^2) = \frac{A}{g} u(c\cos\beta - u).$$

Dies wird ein Maximum bei $c\cos\beta = 2\,u$

$$h_{n\,max} = \frac{A}{g} u^2.$$

Durch u ausgedrückt stimmen also die Maximalwerte der nutzbaren Arbeit in allen drei Fällen mit denen des Abschnitts 25 überein.

Das Nutzverhältnis ist:

$$\eta_n = \frac{h_n}{h} = \frac{2\,u(c\cos\beta - u)}{c^2} = 2\frac{u}{c}\left(\cos\beta - \frac{u}{c}\right).$$

Sein Maximalwert:

$$\eta_{n\,max} = \frac{\cos^2\beta}{2} = 2\frac{u^2}{c^2}$$

liegt bei $\frac{u}{c} = \frac{u}{w_2} = \frac{1}{\sqrt{2}}$ für $\beta = 0^0$ und ist halb so groß wie bei der D-Turbine.

Das Überdruckverhältnis kann man setzen:

$$\varrho = \frac{w_2^2}{w_2^2} = 1,$$

weil durch die Eintrittskrümmung des Laufkanals eine Rückwandlung der in der Leitvorrichtung umgesetzten Strömungsenergie in potentielle stattfindet.

Die Formeln für das Nutzverhältnis zeigen, daß die nutzbare Energie in allen drei Fällen mit zunehmendem α resp. bei der RR-Turbine mit β abnimmt.

Die Nachrechnung von $\eta_{n\,max}$ ergibt die in Fig. 44 dargestellten Kurven. Für den Winkel $\alpha = 0$ resp. $\beta = 0$ werden alle drei Fälle mit denen des Abschnitts Nr. 25 identisch. Bei 90^0 wird die nutzbare Arbeit Null. Zwischen ihren Grenzwerten liefert die R-Turbine durchweg ein günstigeres Nutzverhältnis als die D-Turbine; die RR-Turbine arbeitet mit ihrem Höchstwert von $\eta_{n\,max} = 0{,}5$ bereits so ungünstig, daß ihre praktische Anwendung als Dampfturbine einstufig noch weniger als die der D- und R-Turbine in Frage kommen kann.

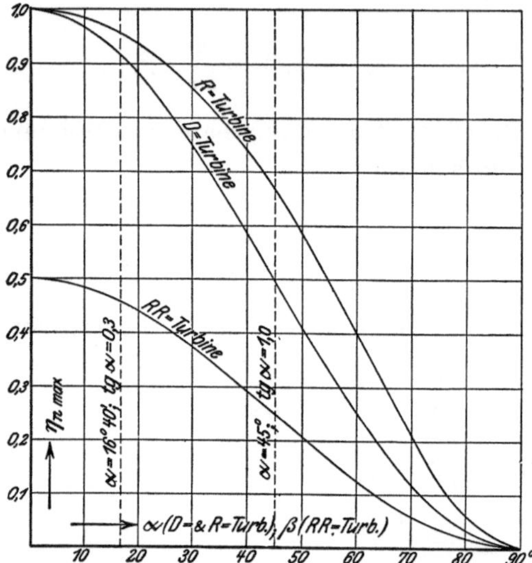

Fig. 44. Einstufige D-, R- und RR-Turbine. Verhältnis der maximal nutzbaren Energie zur verfügbaren, in Abhängigkeit von der Austrittsneigung der Schaufelkanäle zur Raddrehebene.

In Fig. 44 ist mit $\operatorname{tg} \alpha = 0{,}3$ und $1{,}0$ der Grenzbereich angegeben, in dem sich die praktische Ausführung der Dampfturbinen ungefähr hält.

Läßt man das ganze Gebiet, in dem $\varrho > 0{,}5$ wird, als das Gebiet der RR-Turbine gelten, so lassen sich einige geradachsige und auch gekrümmte Laufkanalformen angeben, die praktisch brauchbare Werte von η_n liefern.

27. Erster Sonderfall der idealen einstufigen RR-Turbine, Fig. 43 und 43b.

Es wird das gleiche Geschwindigkeitsdiagramm vorausgesetzt, wie in Abschnitt 26c. Als Kennzeichen dieser Turbine ist nach der Fig. 43b eine geradachsige Laufschaufel L_a von gleichfalls $52\,^0/_0$ Neigung angenommen.

Zur Erzeugung der Axialströmung ist, wie vorher, eine axial gerichtete Leitvorrichtung notwendig. Es muß wie dort zunächst ein Teil des verfügbaren Gefälles in der Leitvorrichtung in Ge-

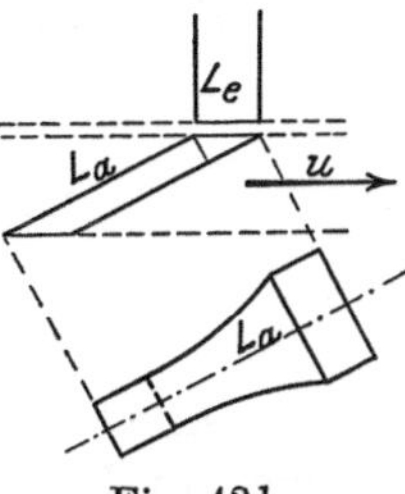

Fig. 43 b.

schwindigkeit umgesetzt werden und die Bedingung $\varrho = 1$ wird danach nicht ganz erfüllt.

Im Gegensatz zu Abschnitt 25 und 26 wird hier darauf verzichtet, den Dampf beim Eintritt in die Laufschaufel zunächst auf die Absolutgeschwindigkeit u zu beschleunigen. Er behält seine relative Eintrittsgeschwindigkeit w_1 und wird im Laufkanal von dieser auf w_2 weiter beschleunigt. Dann wird das verfügbare Gefälle ausgedrückt durch:

$$h = \frac{A}{2g} c^2 = \frac{A}{2g}(c_0^2 + w_2^2 - w_1^2) = \frac{A}{2g}(w_2^2 - u^2).$$

Es nimmt bei konstantem w_2 mit wachsendem u abnehmende Werte an.

Das nutzbare Gefälle ist, analog Abschnitt 26:

$$h_n = \frac{A}{2g}(c_0^2 - w_1^2 + w_2^2 - c_2^2),$$

hierin wieder $c_0^2 - w_1^2 = -u^2$ und $c_2^2 = w_2^2 + u^2 - 2\,w_2\,u \cos\beta$ eingesetzt, ergibt:

$$h_n = \frac{A}{2g}(2\,w_2\,u\cos\beta - 2\,u^2) = \frac{A}{g}u\,(w_2\cos\beta - u).$$

Dies wird im Maximum bei $w_2 \cos\beta = 2\,u$, folglich:

$$h_{n\,max} = \frac{A}{g}u^2.$$

Das Nutzverhältnis ist:

$$\eta_n = \frac{2\,u\,(w_2\cos\beta - u)}{w_2^2 - u^2} = \frac{2\frac{u}{w_2}\left(\cos\beta - \frac{u}{w_2}\right)}{1 - \frac{u^2}{w_2^2}}$$

durch c ausgedrückt

$$\eta_n = \frac{2\,u\,(\cos\beta\sqrt{1+u^2} - u)}{c^2} = 2\,\frac{u}{c}\left(\cos\beta\sqrt{1+\frac{u^2}{c^2}} - \frac{u}{c}\right).$$

Es nimmt den Wert 1 an für $\beta = 0^0$ und $\frac{u}{c} = 1$. Dabei verschwindet aber gleichzeitig h, so daß praktisch wohl ein höherer Wert als $\eta_n = 0{,}5$, aber noch keine gute Annäherung an $\eta_n = 1$ erreichbar ist.

Das Überdruckverhältnis ist gegeben durch

$$\varrho = \frac{w_2^2 - w_1^2}{w_2^2 - u^2} = \frac{w_2^2 - \dfrac{u^2}{\cos^2\beta}}{w_2^2 - u^2} = \frac{1 - \dfrac{u^2}{w_2^2 \cos\beta}}{1 - \dfrac{u^2}{w_2^2}}.$$

Es nimmt für jeden Winkel β bei $u = 0$ den Wert 1 an und sinkt bis auf Null, wenn η_n Null wird, d. h. bei $u = w_2 \cos\beta$.

28. Zweiter Sonderfall der idealen einstufigen RR-Turbine, Fig. 45.

Die geradachsige resp. auf einer Schraubenlinie verlaufende Mittelströmungslinie des Laufschaufelkanals soll auch hier als Kennzeichen der RR-Stufe gelten.

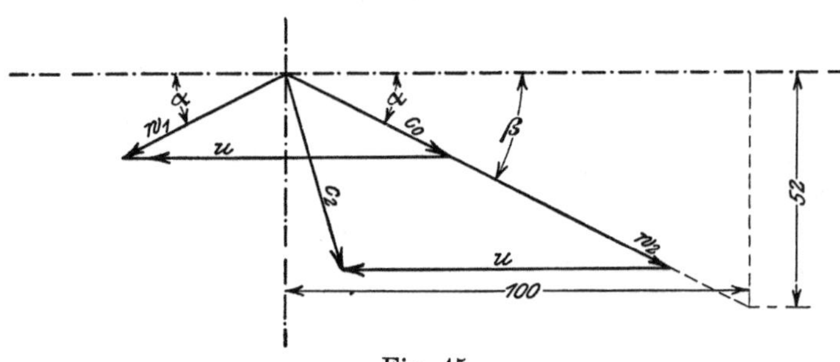

Fig. 45.

Nach dem Geschwindigkeitsschema Fig. 45 ist dazu eine Leitvorrichtung erforderlich, deren Austrittsneigung α wie bei der R-Turbine gleich derjenigen der Laufschaufel ist, deren Austrittsquerschnitt aber so dimensioniert wird, daß dem Dampf nur die Austrittsgeschwindigkeit $c_0 = \dfrac{u}{2\cos\alpha}$ erteilt wird. Dann fällt die relative Eintrittsgeschwindigkeit w_1 gleichfalls mit der relativen Laufschaufelaustrittsrichtung zusammen und die gestellte Bedingung ist erfüllt.

Nimmt man nun wie im Abschnitt 27 an, daß w_1 in der Laufschaufel nicht vernichtet, sondern weiter auf w_2 erhöht wird, dann ist das verfügbare Gefälle gegeben durch:

$$h = \frac{A}{2g} c^2 = \frac{A}{2g}(c_0^2 + w_2^2 - w_1^2) = \frac{A}{2g} w_2^2.$$

Es bleibt demnach bei konstantem w_2 eine konstante Größe.

Das nutzbare Gefälle ist:

$$h_n = \frac{A}{2g}(c_0^2 - w_1^2 + w_2^2 - c_2^2) = \frac{A}{2g}(2 w_2 u \cos\alpha - u^2)$$

$$h_n = \frac{A}{g} u \left(w_2 \cos\alpha - \frac{u}{2}\right) = \frac{A}{g} u \left(c \cos\alpha - \frac{u}{2}\right).$$

Das Maximum stellt sich ein bei:

$$w_2 \cos\alpha = c \cos\alpha = u,$$

folglich

$$h_{n\,max} = \frac{A}{g}\frac{u^2}{2}.$$

Das Nutzverhältnis ist:

$$\eta_n = \frac{h_n}{h} = \frac{2u\left(w_2 \cos\alpha - \frac{u}{2}\right)}{w_2^2} = \frac{u}{w_2}\left(2\cos\alpha - \frac{u}{w_2}\right) = \frac{u}{c}\left(2\cos\alpha - \frac{u}{c}\right).$$

Das Maximum liegt wie oben bei $u = c \cos\alpha$, also

$$\eta_{n\,max} = \cos^2\alpha.$$

Es ist folglich nach dem Geschwindigkeitsdiagramm innerhalb brauchbarer Verhältnisse volle Ausnutzung der verfügbaren Energie möglich. Die Kurve von $\eta_{n\,max}$ deckt sich mit der für die D-Turbine, Fig. 44.

Das Überdruckverhältnis ist:

$$\varrho = \frac{c^2 - c_0^2}{c^2} = 1 - \frac{u^2}{c^2}\frac{1}{4\cos^2\alpha}.$$

Es nimmt für $\eta_{n\,max}$ den konstanten Wert $\varrho = 0{,}75$ an und variiert im übrigen zwischen $\varrho = 0$ und $\varrho = 1$.

29. Dritter Sonderfall der einstufigen idealen RR-Turbine, Fig. 46.

Das Schema Fig. 45 verlangt in der Nähe des maximalen Wirkungsgrades radiale Schaufellängen, die in Anbetracht der Dampfvolumen- und Geschwindigkeitsänderung einen Laufschaufelaustritt von mehr als doppelter Länge des Leitschaufelaustrittes ergeben. Für Dampfturbinen sind wegen der hohen Strömungsgeschwindigkeiten derartige Verhältnisse nicht brauchbar, da infolge der Umlenkungs- und Reibungsverluste kurze Kanallängen und einfache Kanalformen nötig sind. Will man annähernd gleichlange Leit- und Laufschaufeln erzielen, so müssen die axialen Geschwindigkeitskomponenten in Leit- und Laufkanal ungefähr gleichgroß werden. Das Schema Fig. 45

geht dann über in dasjenige Fig. 46. Mit der Erfüllung dieser Forderung läßt sich aber der Laufkanal nicht mehr geradachsig ausführen; es muß vielmehr die Austrittsneigung α des Leitkanals größer werden als diejenige β des Laufkanals. Da nach Fig. 46 die Neigung von w_1 zur Raddrehebene ebenfalls gleich $\frac{u}{2\cos\alpha}$ vorausgesetzt ist, folgt die Notwendigkeit der Anordnung einer gekrümmten Laufkanalachse. Im Grenzfalle, wenn $\alpha = \beta$ wird, d. h. bei $u = 2 w_2 \cos\beta$, wird $h = h_n = 0$, weil der Laufkanal geradachsig wird und konstanten Strömungsquerschnitt erhält, also weder durch Umlenkung noch durch Überdruck eine Antriebskraft entwickeln kann.

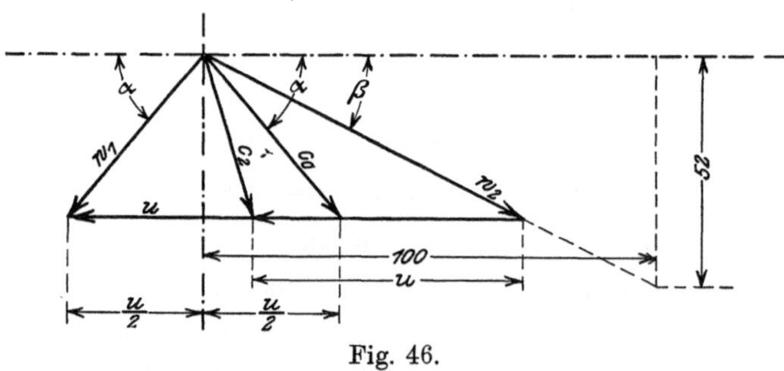

Fig. 46.

Hiermit gelangt man zu der Schlußfolgerung, daß geradachsige Laufkanäle so lange eine Arbeitsübertragung ermöglichen, solange ihre axiale Eintrittsgeschwindigkeit kleiner ist als die axiale Austrittsgeschwindigkeit.

Durch die Anwendung einer Laufkanalkrümmung folgt aus Fig. 46 noch nicht, daß in dem Laufkanal ein Umlenkungsdruck eintritt. Dies ist weder im positiven, noch im negativen Sinne der Fall, solange die Axialkomponente der Laufschaufelströmung über die ganze Schaufelbreite ihren Wert $c_0 \sin\alpha$ unverändert behält.

Sämtliche Formeln haben den gleichen Aufbau wie für Fig. 45, nur muß, da α und β einander nicht mehr gleich sind, ein Unterschied zwischen diesen gemacht werden.

Es ist:

$$h = \frac{A}{2g} c^2 = \frac{A}{2g} w_2^2$$

$$h_n = \frac{A}{g} u \left(w_2 \cos\beta - \frac{u}{2}\right) = \frac{A}{g} u \left(c \cos\beta - \frac{u}{2}\right)$$

$$h_{n\,max} = \frac{A}{g} \frac{u^2}{2}$$

$$\eta_n = \frac{u}{w_2}\left(2\cos\beta - \frac{u}{w_2}\right) = \frac{u}{c}\left(2\cos\beta - \frac{u}{c}\right)$$

$$\eta_{n\,max} = \cos^2\beta$$

$$\varrho = 1 - \frac{u^2}{c^2}\frac{1}{4\cos^2\alpha}.$$

Letzteres ändert sich danach nicht. Dadurch, daß α hier stets größer ist als β, folgt, daß das Überdruckverhältnis kleinere Werte annimmt. Führt man für α den Winkel β ein, dann wird:

$$\varrho = 1 - \frac{c_0^2}{c^2} = 1 - \frac{\frac{u^2}{4} + c^2\sin^2\beta}{c^2} = \cos^2\beta - \frac{1}{4}\frac{u^2}{c^2}.$$

30. Vierter Sonderfall der idealen einstufigen RR-Turbine, Fig. 47.

Gibt man die Bedingung $c_0 \cos\alpha = \frac{u}{2}$ auf und setzt dafür die Austrittsgeschwindigkeit c_0 aus der Leitvorrichtung nach Größe und Richtung gleich der absoluten Austrittsgeschwindigkeit c_2 aus dem Laufrad, dann ist:

$$h = \frac{A}{2g}c^2 = \frac{A}{2g}(c_0^2 + w_2^2 - w_1^2) = \frac{A}{2g}(w_2^2 + 2\,c_0 u\cos\alpha - u^2),$$

oder wenn man den Winkel β einführt:

$$h = \frac{A}{2g}(w_2^2 + 2\,w_2 u\cos\beta - 3\,u^2).$$

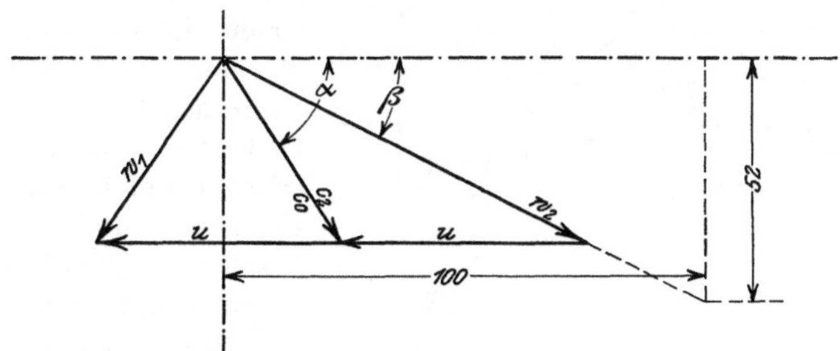

Fig. 47.

Das nutzbare Gefälle ist:

$$h_n = \frac{A}{2g}(w_2^2 - w_1^2) = \frac{A}{g}\,2\,u\,(w_2\cos\beta - u).$$

Die Formel für h_n hat den gleichen Aufbau wie die für die D-Turbine, mit dem Unterschiede, daß w_2 an die Stelle von c_0 getreten ist. Das verfügbare Gefälle ergibt hingegen einen abweichenden Ausdruck und folglich auch das Nutzverhältnis.

Letzteres ist:

$$\eta_n = \frac{4u(w_2 \cos\beta - u)}{w_2^2 + 2w_2 u \cos\beta - 3u^2} = \frac{4\frac{u}{w_2}\left(\cos\beta - \frac{u}{w_2}\right)}{1 + \frac{u}{w_2}\left(2\cos\beta - 3\frac{u}{w_2}\right)},$$

oder wenn man c einführt:

$$c^2 = w_2^2 + 2w_2 u \cos\beta - 3u^2$$

$$w_2 = \sqrt{u^2\cos^2\beta + 3u^2 + c^2} - u\cos\beta$$

$$h_n = \frac{A}{g} 2u\left[\cos\beta\left(\sqrt{u^2\cos^2\beta + 3u^2 + c^2} - u\cos\beta\right) - u\right]$$

und

$$\eta_n = 4\frac{u^2}{c^2}\cos\beta\left(\sqrt{\cos^2\beta + 3 + \frac{c^2}{u^2}} - \cos\beta - \frac{1}{\cos\beta}\right).$$

Das Überdruckverhältnis ist identisch mit η_n.

31. Vergleich der nutzbaren Arbeit der einstufigen D-, R- und RR-Turbinen.

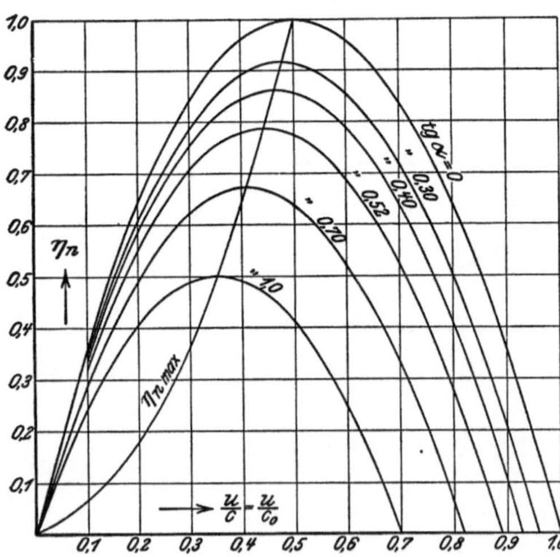

Fig. 48. Einstufige D-Turbine. Kurven der nutzbaren Arbeit.

Der vierte Sonderfall der RR-Turbine ist der für die Dampfturbine in Betracht kommende, da er in der Vielstufenanordnung, der Umkehrung der D-Turbine, d. h. symmetrischer Leitschaufel ohne Überdruck und unsymmetrischer Überdrucklaufschaufel, entspricht.

Zur Aufstellung eines einwandfreien und übersichtlichen Vergleiches der nutzbaren Arbeit der drei Turbinenarten ist es erforderlich, die η_n-Werte über einer einheitlichen Abszissenbasis darzustellen, wozu das Verhältnis $\frac{u}{c}$ oder dessen reziproker Wert ohne weiteres geeignet ist.

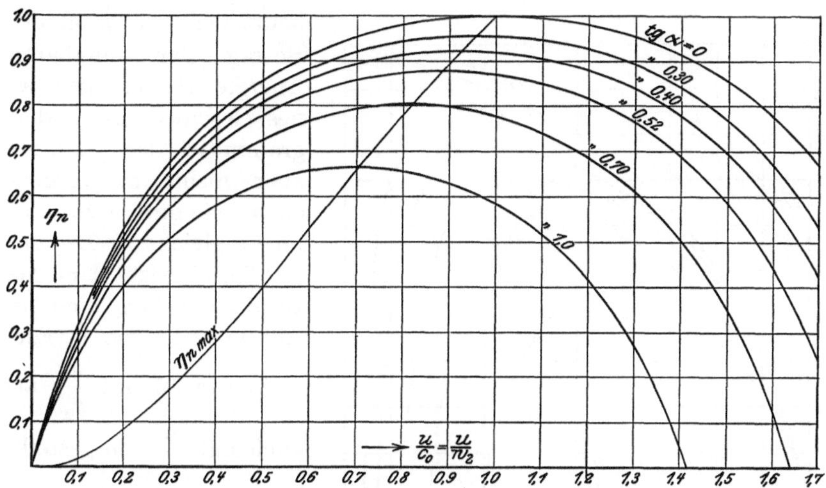

Fig. 49. Einstufige R-Turbine. Kurven der nutzbaren Arbeit.

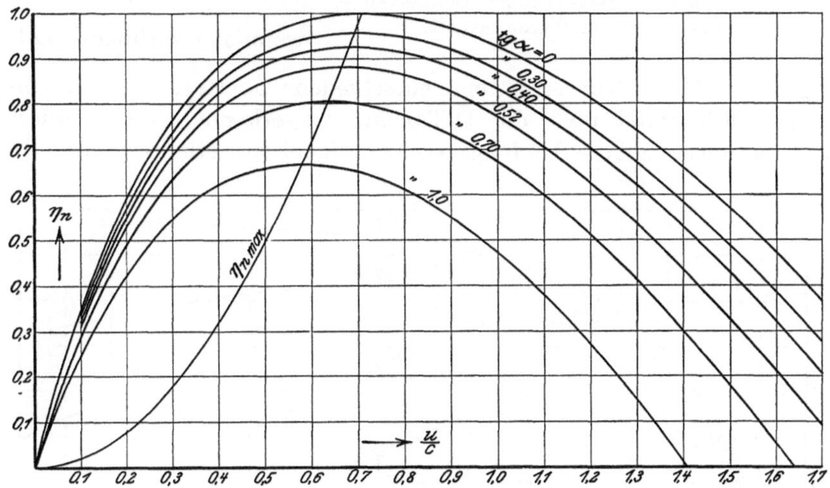

Fig. 50. Einstufige R-Turbine. Kurven der nutzbaren Arbeit.

Für die einstufige D-Turbine (Fig. 41) ist das Verhältnis $\frac{u}{c} = \frac{u}{c_0}$. Es ergeben sich folglich über beiden Abszissenwerten die gleichen Kurven der nutzbaren Energie Fig. 48. Die Kurven sind hier und bei den folgenden Figuren über den gleichen sechs verschiedenen Winkeln berechnet.

Für die R-Turbine liegt es nahe, die Kurven über $\frac{u}{c_0} = \frac{u}{w_2}$ aufzutragen, wie Fig. 49 zeigt. Diese Darstellung erlaubt wohl, zu beurteilen, wie groß der Betrag der nutzbaren Energie für ein gegebenes Geschwindigkeitsdiagramm ist, sie gestattet aber nicht, zu vergleichen, wie groß u resp. η_n im Vergleich zur D- oder RR-Turbine ist. Um das zu ermöglichen, sind im Abschnitt 26 die η_n-Formeln sowohl mit $\frac{u}{c_0}$ als auch mit $\frac{u}{c}$ aufgestellt. Die Kurven Fig. 49 gehen in die Form Fig. 50 über, wenn man sie über $\frac{u}{c}$ aufträgt. Aus diesen Kurven ist eine entschiedene Überlegenheit der einstufigen R-Turbine über die D-Turbine zu erkennen. Sie fordert zwar durchweg höhere Umfangsgeschwindigkeiten, erlaubt aber, ab-

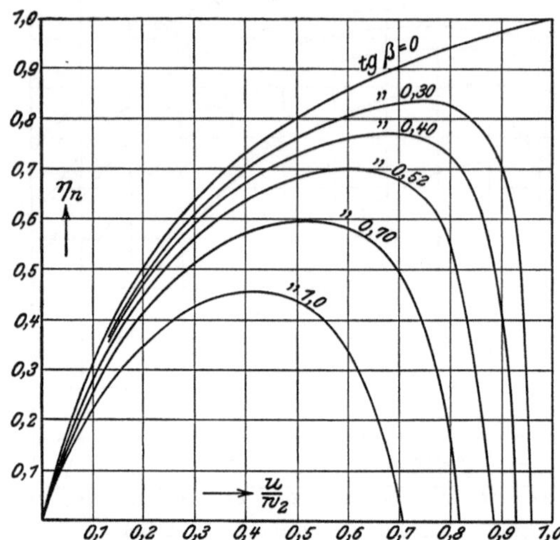

Fig. 51. Einstufige RR-Turbine, Sonderfall 4, Kurven der nutzbaren Arbeit.

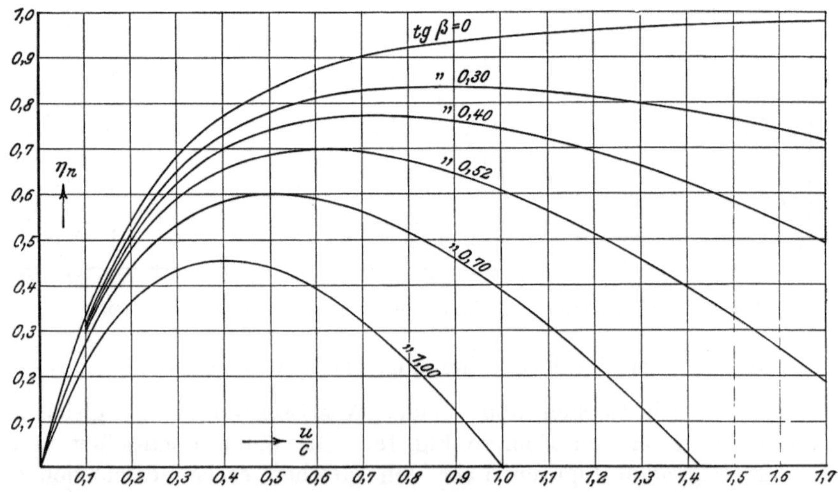

Fig. 52. Einstufige RR-Turbine, Sonderfall 4, Kurven der nutzbaren Arbeit.

gesehen von dem praktisch außer Betracht bleibenden $\sphericalangle\alpha = 0^0$, bessere Energieausnutzung, die noch dazu weniger von der Veränderung von u abhängig ist.

Die RR-Turbine nach Sonderfall 4 ergibt über $\frac{u}{w_2}$ die η_n-Kurven (Fig. 51). Sie erreicht mit $\beta = 0^0$ bei $\frac{u}{w_2} = 1$ gleichfalls den idealen Wert $\eta_n = 1$; dabei geht aber auch die verfügbare Arbeit, die die Turbine verlangt, in Null über, d. h. der Laufkanal würde geradaxsig und von konstantem Strömungsquerschnitt, kann also keine Arbeit umsetzen. Mit erreichtem Maximum fällt somit die η_n-Kurve gleichzeitig auf Null ab.

Dementsprechend verläuft die Kurve für $\alpha = 0^0$ über $\frac{u}{c}$ aufgetragen, im Unendlichen (Fig. 52). Die Kurven für die brauchbaren Winkel zeigen in dieser Figur eine noch größere Unabhängigkeit von u, wie die der R-Turbine, liegen aber in ihrem η_n-Wert noch tiefer als diese.

32. Grenzwerte der nutzbaren Schaufelaustrittswinkel.

Den einzelnen Kurven der D-Turbine (Fig. 48) liegt ein konstanter $\sphericalangle\alpha$ zugrunde, $\sphericalangle\beta$ variiert mit u. Für die einzelnen Kurven der R-Turbine (Fig. 49 und 50) ist $\alpha = \beta =$ konstant. Für die RR-Kurven (Fig. 51 und 52) ist β konstant und α variiert mit u. Die in den fünf Figuren dargestellten Kurven beziehen sich auf folgende Werte der konstanten Winkel, übereinstimmend mit den später für Vielstufen angenommenen:

$\operatorname{tg}\alpha$ resp. $\operatorname{tg}\beta$	0	0,30	0,40	0,52	0,70	1,00
entsprechend $\sphericalangle\alpha$ resp. $\sphericalangle\beta$	0^0	$16^0\,40'$	$21^0\,50'$	$27^0\,30'$	$35^0\,0'$	$45^0\,0'$

Es sind hiernach als untere und obere praktisch brauchbare Grenzen die Winkel $16^0\,40'$ und 45^0 eingesetzt. In Fig. 53 sind die hierzu gehörigen η_n-Kurven über dem Verhältnis $\frac{c}{u}$ zusammengestellt. Sie bestätigen wieder die erwähnte absolute Überlegenheit der R-Turbine, zeigen aber, daß für kleine Winkel in dem praktisch brauchbaren Gebiete oberhalb $\frac{c}{u} = 2$ die D-Kurve günstiger liegt als die R-Kurve. Mit zunehmendem Winkel wächst die Überlegenheit der R-Turbine nach rechts, so daß bei 45^0 die Überschneidung mit der D-Kurve verschwindet. Letztere deckt sich ungefähr mit ersterer für größere Werte als $\frac{c}{u} = 7$, fällt aber unterhalb dieser Größe bedeutend ab.

Die RR-Kurven liegen im ganzen Gebiet unterhalb der D- und R-Kurven gleicher Winkel, so daß sie für die einstufige Turbine nicht nur des Radüberdrucks, sondern auch des Austrittsverlustes wegen am ungünstigsten sind.

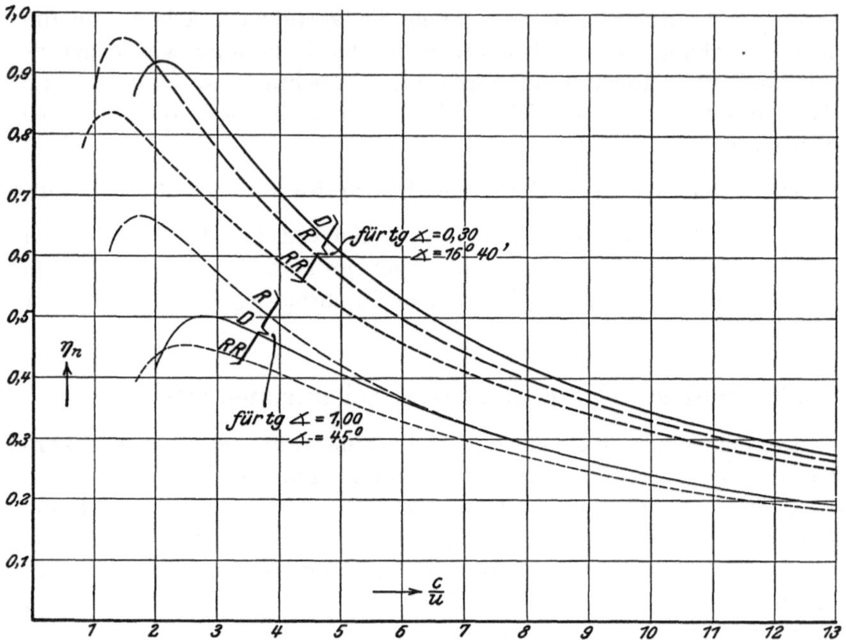

Fig. 53. Kurven der nutzbaren Arbeit der einstufigen D-, R- und RR-Turbine für die praktischen Grenzwinkel 16° 40′ und 45°.

Bezüglich der Kurve für die D-Stufe sei bemerkt, daß sie mit Ausnahme des Maximalwertes etwas höher liegt als die der einkränzigen C-Stufe, Fig. 6. Das ist darin begründet, daß dort mit einem konstanten $\operatorname{tg}\beta = 0{,}6$ gerechnet wurde, während es hier, wie erwähnt, variabel angenommen wurde.

33. Das nutzbare Gefälle in Vielstufenturbinen.

In den einleitenden Abschnitten wurde gesagt, daß die Ausnutzung der Austrittsgeschwindigkeit einer Stufe in der nächstfolgenden das hervorragendste Kennzeichen der Vielstufenturbine ist. In einer Turbine mit guter Kontinuität der Strömungsquerschnitte wird die Austrittsgeschwindigkeit von Stufe zu Stufe etwas zunehmen, weil man die Strömungsquerschnitte nicht im Verhältnis der Dampfvolumenzunahme vergrößern kann und deshalb mit nach der Niederdruckseite zu wachsenden Dampfgeschwindigkeiten rechnen muß.

Von diesem Umstand muß bei einer schematischen Behandlung der Vorgänge abgesehen werden, da sie mit jeder Änderung der Kontinuität, d. h. mit jeder einzelnen Ausführung variieren. Es muß deshalb hier die vereinfachende Annahme gemacht werden, daß das Gefälle und die Austrittsgeschwindigkeit einer zu berechnenden Stufe den Werten der davorliegenden Stufe gleich sind.

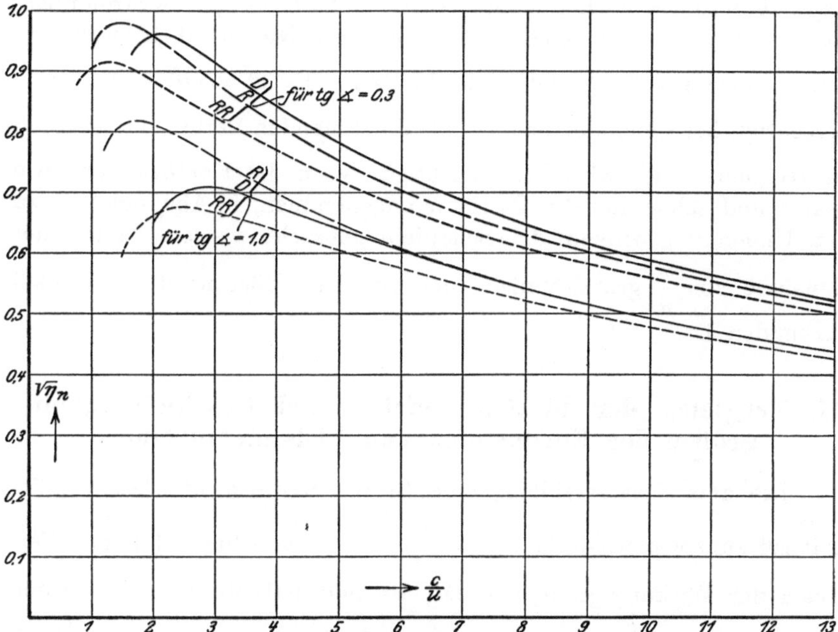

Fig. 54. Verhältnis von $\sqrt{h_n}$ des Zusatzgefälles einer Vielstufe zu $\sqrt{h}$ dem Gefälle einer einstufigen Turbine unter Voraussetzung gleicher Geschwindigkeitsdreiecke.

Unter dieser Voraussetzung, d. h. wenn die absolute Eintrittsgeschwindigkeit in die Leitschaufel einer Stufe der absoluten Austrittsgeschwindigkeit aus der betrachteten Stufe gleichgesetzt wird, geht das Nutzverhältnis aller drei Stufenarten in den Wert „Eins" über. Das nutzbare Gefälle der Einzelstufe wird also über den Gesamtbereich des Überdruckes von $\varrho = 0$ bis $\varrho = 1$ gleich dem verfügbaren.

Mit Berücksichtigung dessen wird durch die Kurven Fig. 48, 50, 52 und 53 das Verhältnis des verfügbaren Gefälles der Einzelstufe einer Vielstufenturbine zu dem einer gleichwertigen einstufigen ausgedrückt, wenn man letzteres gleich eins setzt. Oder wenn man die Kurven $\sqrt{\eta_n}$ konstruiert, Fig. 54, dann kennzeichnen diese das Verhältnis der Geschwindigkeit des Nutzgefälles zu der des scheinbaren. Die Kurven Fig. 53 zeigen, daß das nutzbare Stufengefälle von Vielstufenturbinen im Verhältnis zum scheinbaren, d. h. desjenigen unter Einrechnung des Austrittsverlustes mit wachsendem $\frac{c}{u}$ schnell abnimmt und für $\operatorname{tg}\alpha$ resp. $\operatorname{tg}\beta = 0{,}3$ bei $\frac{c}{u} = 6$ nur ca. $50\,^0/_0$ beträgt. Für $\operatorname{tg}\alpha = 1$ sinken diese Werte auf ca. $35\,^0/_0$. Die Strömungsgeschwindigkeiten nehmen daher für konstantes Nutzgefälle bei wachsendem $\frac{c}{u}$, wie aus Fig. 54 folgt, gleichfalls zu. Es ist aus diesem Grunde berechtigt, bei zunehmendem $\frac{c}{u}$ mit abnehmenden Verlustkoeffizienten zu rechnen. Dies wird berücksichtigt, wenn die Koeffizienten, wie später und schon für die C-Stufen angenommen, in Abhängigkeit zu den Umlenkungswinkeln der Schaufeln gebracht werden, da mit der Zunahme von $\frac{c}{u}$ grundsätzlich auch eine Vergrößerung dieser Winkel verbunden ist.

34. Vergleich der idealen Gefälls- und Geschwindigkeitsgrößen der Einzelstufen von Vielstufenturbinen.

Die dem Zusatzgefälle h_n einer Stufe entsprechende Geschwindigkeit sei zunächst wieder mit $c_n = \sqrt{\frac{A}{2g} \cdot h_n}$ bezeichnet. Für den Vergleich der Wirkungsgrade von D-, R- und RR-Stufen ist an Stelle vom scheinbaren $\frac{c}{u}$ das Verhältnis $\frac{c_n}{u}$ maßgebend. Die Beziehung $\frac{c_n}{u} : \frac{c}{u}$ ergibt sich demnach aus

$$\frac{c_n}{u} = \sqrt{\eta_n}\,\frac{c}{u}.$$

Hiermit läßt sich also auch das ideale Geschwindigkeitsdiagramm bestimmen, wenn lediglich das Zusatzgefälle einer Stufe gegeben ist. In Fig. 55 ist als Beispiel der Verlauf des Verhältnisses $\frac{c_n}{u}$ über $\frac{c}{u}$ für $\operatorname{tg}\alpha$ resp. $\operatorname{tg}\beta = 0{,}3$ dargestellt. Die Kurven zeigen, in Übereinstimmung mit den η_n-Kurven, daß bei höheren Werten als $\frac{c}{u} = 2$ und bei konstantem $\frac{c_n}{u}$ mit zunehmendem Überdruck eine Vergrößerung des Verhältnisses $\frac{c}{u}$, d. h. eine Zunahme der absoluten Austrittsgröße c_2 verbunden ist. Mit zunehmenden Winkeln verschieben sich die Werte etwas zugunsten der R-Stufe.

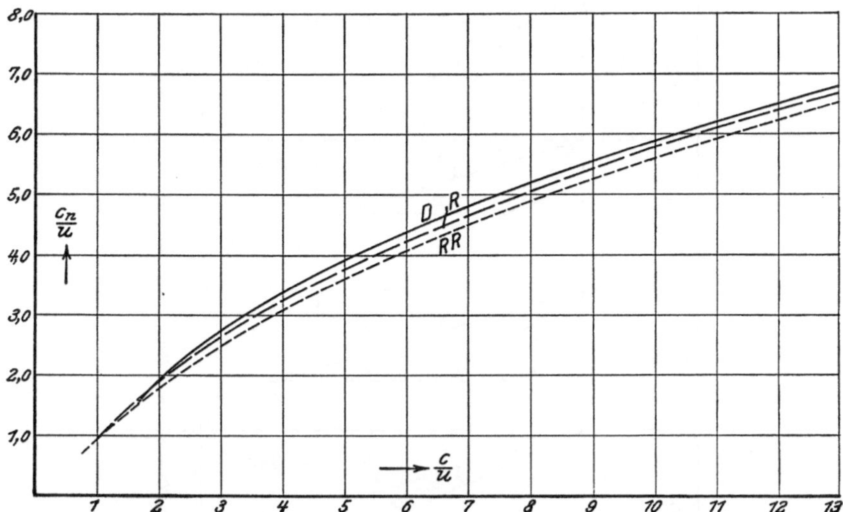

Fig. 55. Geschwindigkeitsverhältnis der Vielstufe zu dem der einstufigen Turbine bei gleichen Geschwindigkeitsdreiecken für die Winkeltangente 0,3.

Um ein Bild über das relative Verhalten der Einzelgeschwindigkeiten zu gewinnen, sind in Fig. 56 bis 58 Geschwindigkeitsdreiecke für einstufige D-, R- und RR-Turbinen mit $\operatorname{tg}\alpha$ resp. $\operatorname{tg}\beta = 0{,}3$ gezeichnet. Für alle drei ist gleiches verfügbares Gefälle, also gleiches c und ebenso gleiches u angenommen. Es bleibt folglich auch $\frac{c}{u}$ gleich. Für die drei Beispiele Fig. 56 bis 58 ist $\frac{c}{u} = 2$. Das h_n ergibt, übereinstimmend mit Fig. 53, für D und R den Wert 0,915 h, für RR 0,775 h. Während die Strömungsgeschwindigkeiten für D- und RR-Turbinen ungefähr gleich sind, ist die nutzbare Energie bei letzterer wesentlich niedriger. Die R-Turbine dagegen ergibt nicht nur gleiche nutzbare Arbeit wie die D-Turbine, sondern weist auch wesentlich geringere Strömungsgeschwindigkeiten auf. Sie würde also von diesem Gesichtspunkt aus für die einstufige Turbine am vorteilhaftesten sein. In den Fig. 59 bis 61 sind die Geschwindigkeitsdreiecke für das gleiche verfügbare Gefälle, aber für $\frac{c}{u} = 3$ einander gegenübergestellt. Hier verschieben sich Nutzgefälle und Geschwindigkeiten etwas zugunsten der D-Turbine, gegenüber der R-Turbine. Die RR-Turbine dagegen sinkt mit ihrem nutzbaren Gefälle wesent-

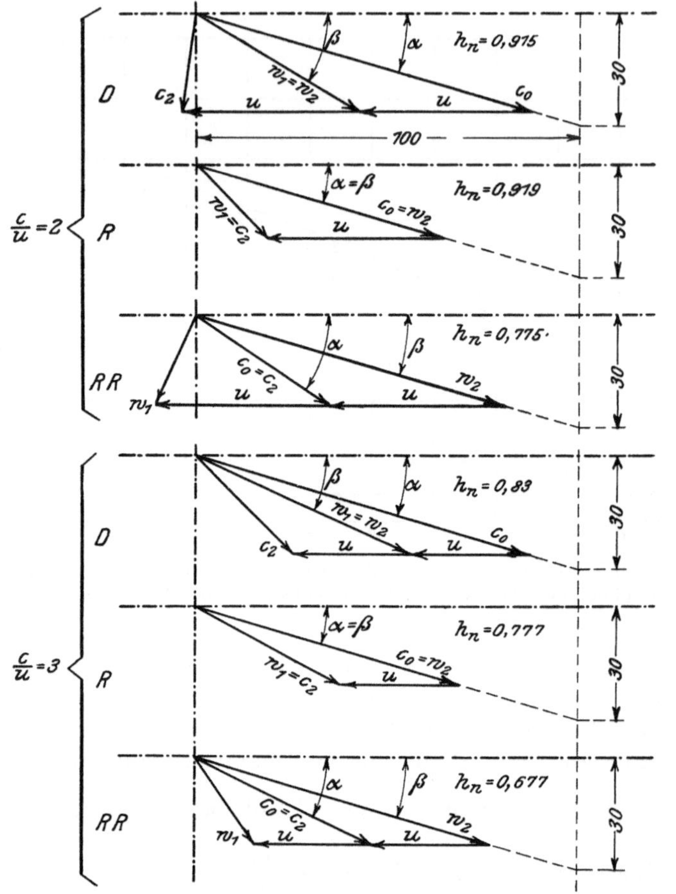

Fig. 56 bis 61. Ideale Geschwindigkeitsdreiecke für einstufige Turbinen unter Annahme des gleichen verfügbaren Gefälles $h = 1$ WE.

lich tiefer, so daß selbst die dabei auftretende Reduktion der Strömungsgeschwindigkeiten nicht als Ausgleich in Betracht kommen kann.

Überträgt man diese Vergleiche auf die Vielstufenturbine, d. h. auf die D-, R- und RR-Stufe, dann verschieben sich die Dreiecke in die durch Fig. 62 bis 67 dargestellten.

Das wesentlichste Kennzeichen derselben ist, daß für ein gleiches Zusatzgefälle h, das gleich ist dem Nutzgefälle h_n der einstufigen

Turbine, die Dreiecke der D- und RR-Stufe einander kongruent werden. Ein Unterschied besteht lediglich darin, daß die Winkel α und β vertauscht werden und ebenso die Geschwindigkeiten c_0 mit w_2, w_1 mit c_2, w_2 mit c_0 und c_2 mit w_1.

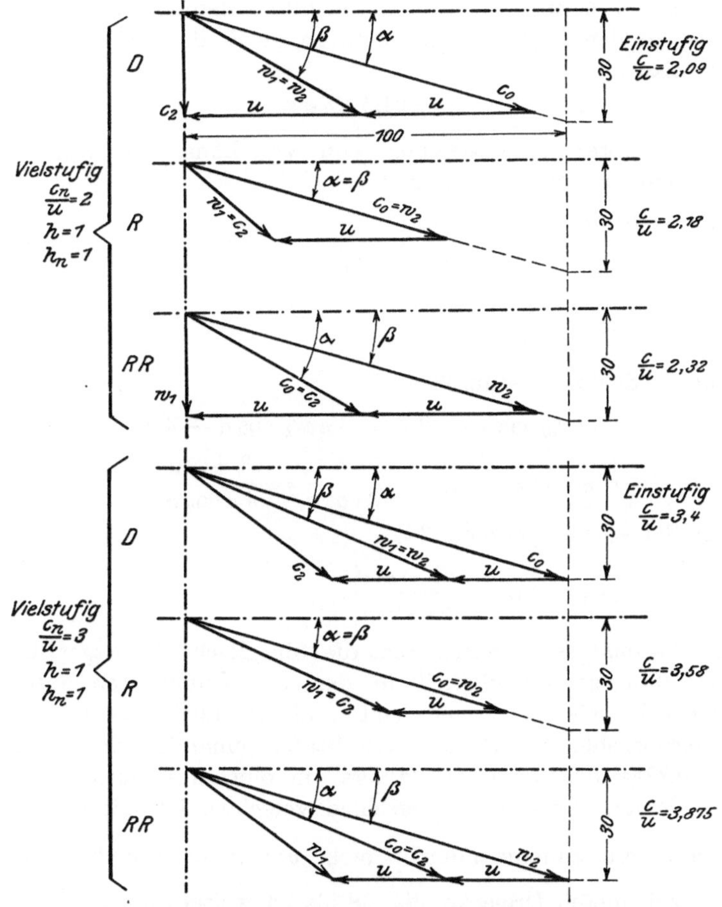

Fig. 62 bis 67. Vergleich der Geschwindigkeitsgrößen idealer Einzelstufen unter Annahme gleichen Zusatzgefälles.

Den Strömungsgeschwindigkeiten in den Axialspalten zwischen den Schaufeln ist zweifellos ein vorwiegender Einfluß auf die Höhe der Geschwindigkeitsverluste zuzusprechen. Da nun bei der D-Stufe im Spalt zwischen Leit- und Laufschaufel die Geschwindigkeit c_0 als größte vorkommende auftritt, bei der RR-Stufe c_0 aber einen wesentlich kleineren Wert und eine in bezug auf den axialen Schaufelspalt günstigere Richtung hat, ist zu erwarten, daß bei letzterer auch die Koeffizienten günstiger werden. Dieses Verhältnis kehrt sich zwar in bezug auf die Spalten zwischen Lauf- und Leitschaufel der nächsten Stufe um, doch haben die dort auftretenden Geschwindigkeiten einen geringeren Einfluß auf den Energieumsatz.

Die dem Zusatzgefälle der Einzelstufe entsprechende Geschwindigkeit ist in den folgenden Abschnitten an Stelle von c_n mit c bezeichnet, also

$$c = 91{,}5 \sqrt{h}.$$

Dann wird unter Voraussetzung von $h =$ konst. die größte auftretende Strömungsgeschwindigkeit

für die D-Stufe (Abschn. 26a)

$$c^2 = 4 u c_{0D} \cos\alpha - 4 u^2$$

$$c_{0D} = \frac{c^2 + 4u^2}{4u\cos\alpha},$$

für die R-Stufe (Abschn. 26b)

$$4 u c_{0R} \cos\alpha - 2u^2 = 4 u c_{0D} \cos\alpha - 4u^2$$

$$c_{0R} = w_{2R} = c_{0D} - \frac{u}{2\cos\alpha} = \frac{c^2 + 2u^2}{4u\cos\alpha},$$

für die RR-Stufe (Abschn. 30)

$$w_{2RR} = c_{0D} = \frac{c^2 + 4u^2}{4u\cos\alpha}.$$

Die Maximalgeschwindigkeiten, die für gleiche Zusatzgefälle und gleiche Umfangsgeschwindigkeit in den drei Stufenarten auftreten, sind hiernach, wie früher erwähnt und wie auch aus den Fig. 62 bis 67 hervorgeht, für D- und RR-Stufen einander gleich, für R-Stufen, infolge des kleineren Zählers, in obigem Ausdruck für c_{0R}, dagegen kleiner. Letzterer Unterschied verschwindet mit abnehmendem u resp. mit zunehmendem $\frac{c}{u}$ mehr und mehr, was durch die für $\frac{c}{u} = 4$ gezeichneten Dreiecke Fig. 68 bis 70 weiterhin zum Ausdruck kommt. In Fig. 62 bis 70 ist für $\frac{c}{u}$ der Vielstufe das Symbol $\frac{c_n}{u}$ gesetzt, weil gleichzeitig der Vergleichswert $\frac{c}{u}$ eingetragen ist, den die Geschwindigkeitsdreiecke ergeben, wenn man sie auf die einstufige Turbine bezieht.

Als Endergebnis kann wiederholt werden, daß die Stufenzahl der Vielstufenturbine unter Voraussetzung gleicher Umfangsgeschwindigkeit von dem Überdruckverhältnis unabhängig ist und über dem ganzen Bereich von $\varrho = 0$ bis $\varrho = 1$ das Nutzverhältnis $\eta_n = 1$ ergibt.

Auf den zu erzielenden Wirkungsgrad am Radumfang η_i haben lediglich die Umlenkungs-, Reibungs- und Spaltverluste der Beschaufelung einen Einfluß. Mit steigendem $\frac{c}{u}$ nehmen außerdem die Größe c_2 und ihre Verluste eine wachsende Bedeutung an. Gleichwertige Konstruktion und Ausführung vorausgesetzt, ergeben diese Verluste für die drei Stufenarten keine großen Unterschiede der Nutzarbeit, so daß auch für die Forderung gleicher Nutzarbeit keine großen Differenzen der für verschiedene ϱ nötigen Stufenzahlen eintreten können.

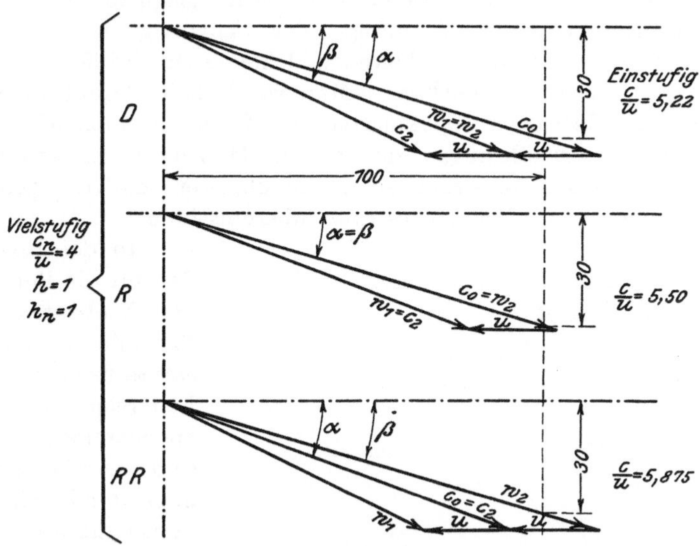

Fig. 68 bis 70.

Die analytische Untersuchung der Wirkungsgrade am Radumfang, d. h. die Einführung der Verlustkoeffizienten in die Formeln unterbleibt. Die Wirkungsgrade werden im nachfolgenden, wie bei den C-Stufen mit Hilfe der Geschwindigkeitsdreiecke unter Einsetzen von Verlustkoeffizienten berechnet, weil eine rein analytische Einzelberechnung aller Stufen einer Vielstufenturbine zu umständlich würde, was bei Benutzung der graphischen Hilfsmittel nicht der Fall ist.

35. Verlustkoeffizienten.

Beim Übergang auf die Berechnung der Rad-Arbeit resp. des Wirkungsgrades am Radumfang, die auf die Einführung von empirisch ermittelten Verlustkoeffizienten hinausläuft, soll die einstufige

Turbine als praktisch unbrauchbar weiterhin außer Betracht bleiben und nur die vielstufige berücksichtigt werden.

Es liegt kein Grund vor, bei Vielstufenturbinen die Geschwindigkeitskoeffizienten nach anderen Grundsätzen festzulegen, als für C-Stufen. Eine einwandfreie experimentelle Bestimmung derselben wird ebenso wie bei den C-Stufen durch die Unzahl der variablen Einflüsse sehr unsicher und könnte nur unter riesigem Zeit- und Geldaufwand für einheitliche Konstruktionsformen einigermaßen brauchbare Resultate liefern. Zwar ist technisch die Möglichkeit gegeben, soweit man im Überhitzungsgebiet arbeitet, mit einfachen Mitteln mittels Druck- und Temperaturmessungen und der Entropietafel die Wirkungsgrade einzelner Stufen oder Stufengruppen zu berechnen, die Resultate sind jedoch infolge der Schwierigkeit, einwandfreie Temperaturmessungen zu erhalten und kleine Druckdifferenzen genau zu messen, meist unbrauchbar. Man ist deshalb darauf angewiesen, bei neuen Entwürfen spekulative Koeffizienten anzunehmen und sie nach der Ausführung, wenn genaue Meßwerte der ganzen Turbinen erhältlich sind, event. so zu modifizieren, daß der gerechnete Wirkungsgrad mit dem gemessenen übereinstimmt.

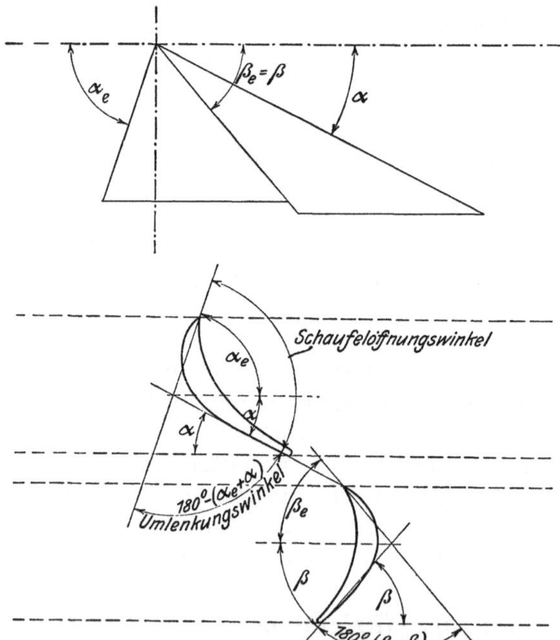

Fig. 71. Darstellung der Schaufelöffnungs- und Umlenkungswinkel für Bestimmung der Verlustkoeffizienten nach Fig. 72.

In der Regel werden für die Berechnung von Vielstufenturbinen für alle Stufen konstante Koeffizienten für Leit- resp. Laufschaufeln angenommen. Es ist selbstverständlich, daß man damit einen Gesamtwirkungsgrad berechnen kann, der mit dem Meßresultat der fertigen Maschine übereinstimmt, es scheint aber, daß bei diesem Verfahren der Niederdruckteil auf Kosten des Hochdruckteils zu ungünstig bewertet wird. Das wird ausgeglichen, sobald man den Koeffizienten, ähnlich wie bei den C-Stufen, in Abhängigkeit vom Dampfumlenkungswinkel bringt. Indem man nämlich bei Ausnutzung der üblichen hohen Vakua gezwungen ist, die Schaufelaustrittswinkel nach dem Niederdruckende der Turbine hin mehr und mehr zu vergrößern, um die Schaufellängen in ausführbaren Grenzen zu halten, kommen dort günstigere Verlustkoeffizienten zur Geltung.

Bei Vielstufenturbinen ergeben sich durchweg größere Differenzen zwischen Schaufelein- und Austrittswinkeln entweder der Leitschaufeln oder der Laufschaufeln oder beider, d. h. unsymmetrische Profile. Im Gegensatz zu den C-Stufen sollen daher die Koeffizienten nicht auf den Schaufelaustrittswinkel bezogen werden, sondern auf $\alpha_e + \alpha$ für Leitschaufeln und auf $\beta_e + \beta$ für Laufschaufeln. Dabei bedeuten α, α_e, β und β_e die Winkel aus den Geschwindigkeitsdreiecken, die sich mit denen der Schaufeln vielfach nicht decken, wenigstens soweit die Eintrittswinkel in Betracht kommen. Die Summen $\alpha_e + \alpha$ und $\beta_e + \beta$ werden als Schaufelöffnungswinkel bezeichnet im Gegensatz zu den Umlenkungswinkeln

$$180^0 - (\alpha_e + \alpha)$$

resp. $180^0 - (\beta_e + \beta)$

um die der Dampf von der Eintrittsrichtung durch die Schaufeln abgelenkt wird, s. Fig. 71.

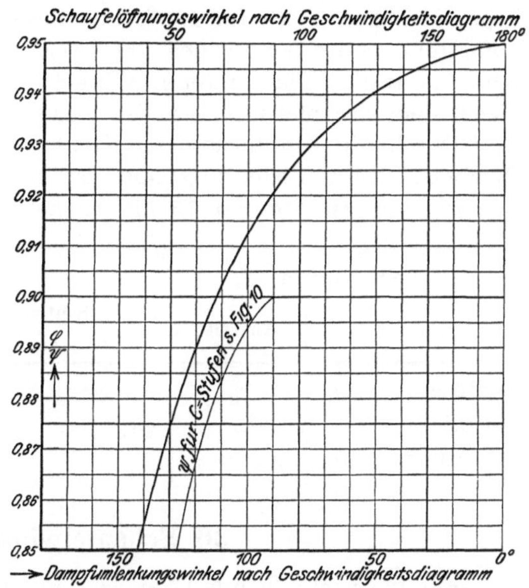

Fig. 72. Verlustkoeffizienten φ und ψ für Leit- und Laufschaufeln von D-, R- und RR-Stufen.

Um die Rechnungsresultate in Einklang mit bekannten Meßergebnisen zu bringen, müssen für Vielstufenbeschauflungen relativ günstigere Koeffizienten eingesetzt werden als für C-Stufen, was mit Rücksicht auf die Abhängigkeit der Dampfreibung von der Strömungsgeschwindigkeit, mit Rücksicht auf geringere Strömungsverluste infolge voller Beaufschlagung und der gesondert zu berechnenden Spaltverluste naheliegt. Dazu kommt, daß die Zahl der Umlenkungen für dieselbe Energieströmung kleiner wird.

Den folgenden Berechnungen sind die in Fig. 72 über den erwähnten Schaufelöffnungswinkeln angenommenen in Kurvenform aufgezeichneten Koeffizienten zugrunde gelegt. Diese Kurve hat den gleichen Charakter wie die für die C-Stufen, Fig. 10. Letztere ist der Einfachheit halber auf die Schaufelaustrittstangente bezogen. Es wird dabei vernachlässigt, daß sich der Umlenkungswinkel in Wirklichkeit wegen des mit $\frac{c_0}{u}$ variierenden Schaufeleintrittswinkels gleichfalls ändert. Nimmt man an, die C-Profile seien symmetrisch, d. h. ihre Ein- und Austrittswinkel seien gleich, dann nimmt Fig. 10 die Form an, die des Vergleichs halber in Fig. 72 eingetragen ist.

Die praktisch möglichen Winkelsummen $\alpha_e + \alpha$ und $\beta_e + \beta$ Fig. 71 liegen zwischen ca. 40 und 180°. Für diesen Bereich ist auch die Kurve aufgestellt, und zwar mit den Grenzwerten $\varphi = \psi = 0{,}85$ für 38° und 0,95 für 180°. Für letzteren Winkel ist also der Verlustkoeffizient gleich dem der nicht erweiterten Düse für C-Stufen angenommen.

Durch die Einführung der Koeffizienten erscheinen einige neue Symbole, deren Bedeutung aus der nachstehenden Übersicht und den zugehörigen Figuren 73 bis 75 hervorgeht.

Leitschaufeln		Laufschaufeln			
		Eintritt		Austritt	
Eintritt	Austritt	absolut	relativ	relativ	absolut
D-Stufe . . c_2	c_0	$\varphi c_0 = c_1$	w_1	$\psi w_1 = w_2$	c_2
R-Stufe . . c_2	c_0	$\varphi c_0 = c_1$	w_1	$\psi w_0 = w_2$	c_2
RR-Stufe . . c_2	$\varphi c_2 = c_1$	c_1	w_1	$\psi w_0 = w_2$	c_2

36. Schaufelwinkel.

Für die nachfolgende Übersicht über die Wirkungsgrade am Radumfang wird, wie bisher, angenommen, daß bei D-Stufen die Winkel der relativen Ein- und Austrittsgeschwindigkeiten w_1 und w_2 einander decken; desgl. bei R-Stufen, die absolute Austrittskomponente c_1 und die relative w_2, bei RR-Stufen die absoluten Komponenten c_1 und c_2, Fig. 73 bis 75.

Es wird ferner angenommen, daß die Schaufelaustrittswinkel mit den zugehörigen Winkeln des Geschwindigkeitsdreiecks übereinstimmen; an den Eintrittskanten der Leit- und Laufschaufeln ist eine Öffnung oder Vergrößerung des Winkels zur Erzielung des Kompressionsstoßes aus den in Abschnitt 11 erklärten Gründen auch hier zweckmäßig.

Folgende fünf Neigungen: 30, 40, 52, 70 und 100°/₀ werden, wie früher erwähnt, für den Austrittswinkel der Leitschaufeln der D-Stufen, für Leit- und Laufschaufelaustritt der R-Stufen und für den Laufschaufelaustritt der RR-Stufen angenommen. In allen Fällen wird die vereinfachende Annahme gemacht, daß der Austrittsverlust der vorhergehenden Stufe gleich dem der zu berechnenden ist und mit seinem vollen Betrag in die Leitschaufel eintritt.

37. Stufengefälle.

Das gesamte in einer Stufe verfügbare Zusatzgefälle ist dann (s. Fig. 73 bis 75)

$$h = \frac{A}{2g} c^2 = \frac{A}{2g} (c_0^2 - c_2^2) \quad \text{für D-Stufen (s. Fig. 73);}$$

$$h = \frac{A}{2g} c^2 = \frac{A}{g} (c_0^2 - w_1^2) \quad \text{für R-Stufen (s. Fig. 74);}$$

$$h = \frac{A}{2g} c^2 = \frac{A}{2g} (w_0^2 - w_1^2) \quad \text{für RR-Stufen (s. Fig. 75).}$$

Unter der Voraussetzung, daß der Leitschaufelaustritt einer D-Stufe gleiche Neigung hat wie der Laufschaufelaustritt einer RR-Stufe und daß

$$\varphi c_0 = c_1 \text{ der D-Stufe} = \psi w_0 = w_2 \text{ der RR-Stufe}$$

$$\psi w_1 = w_2 \text{ der D-Stufe} = \varphi c_2 = c_1 \text{ der RR-Stufe,}$$

ergibt sich für die D-Stufe der gleiche Wirkungsgrad, wie für die RR-Stufe.

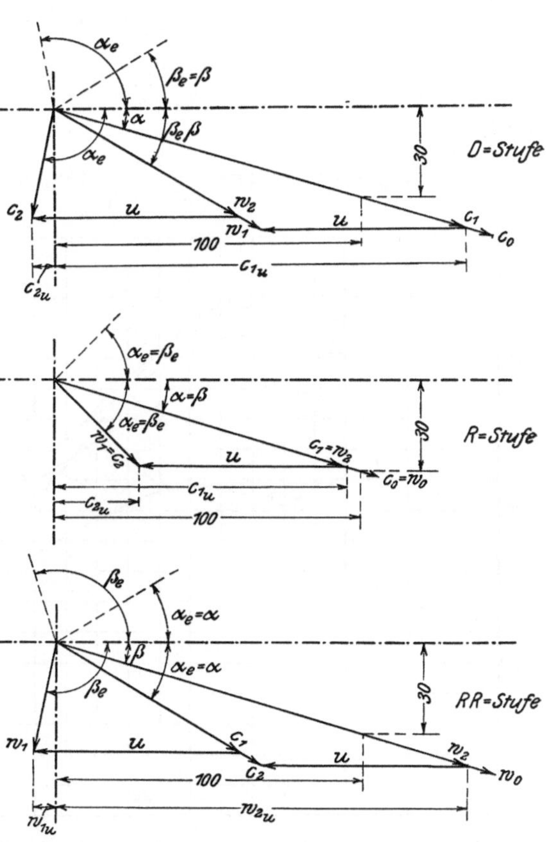

Fig. 73 bis 75. Schema der Geschwindigkeitsdreiecke für die Berechnung des Wirkungsgrades am Radumfang.

Entgegen der ausgesprochenen Ansicht, daß in der RR-Stufe günstigere Strömungsbedingungen herrschen, als in der D- und R-Stufe, sind dennoch die Koeffizienten für alle 3 Stufenarten auf gleicher Basis angenommen. Das geschieht, weil es zu gewagt wäre, auf Grund theoretischer Erwägungen weitergehende, durch die Praxis nicht bestätigte Annahmen in die Rechnung einzuführen.

38. Kurven der mittleren Wirkungsgrade am Radumfang.

Wie erwähnt, wird für die Berechnung der Wirkungsgradkurven, wie bei den C-Stufen, die graphische Ermittlung der Geschwindigkeiten und die Antriebsformel angewandt. Die Reduktion der verlustfreien Geschwindigkeiten durch die Koeffizienten φ und ψ wird beim Aufzeichnen der Geschwindigkeitsdreiecke berücksichtigt und der Wirkungsrad $\eta_i = \frac{h_i}{h}$ kann nach den bekannten einfachen Formeln berechnet werden (Fig. 73—75).

$$\eta_i = \frac{2u}{c^2}[c_{1u} + (\pm c_{2u})] = \frac{2u}{c_0^{\,2} - c_2^{\,2}}[c_{1u} + (\pm c_{2u})] \quad \text{für D-Stufen,}$$

$$\eta_i = \frac{2u}{c^2}[c_{1u} + (\pm c_{2u})] = \frac{u}{c_2^{\,2} - w_1^{\,2}}[c_{1u} + (\pm c_{2u})] \quad \text{für R-Stufen}$$

und

$$\eta_i = \frac{2u}{c^2}[w_{2u} + (\pm w_{1u})] = \frac{2u}{w_0^{\,2} - w_1^{\,2}}[w_{2u} + (\pm w_{1u})] \quad \text{für RR-Stufen.}$$

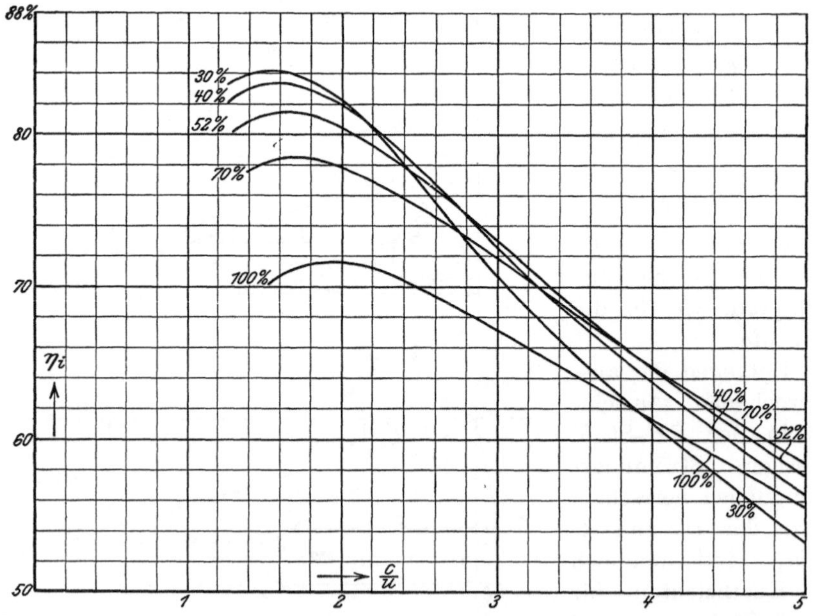

Fig. 76. Kurven der Wirkungsgrade am Radumfang von D- und RR-Stufen bezogen auf Leitschaufel-Eintrittsgeschwindigkeit $= c_2$ und Koeffizienten Fig. 72.

In den inneren Klammern gilt das $+$-Zeichen, wenn die Strecke rechts von der Ordinatenaxe, das $-$-Zeichen, wenn sie links von dieser liegt.

In den Formeln für η_i sind die Klammerausdrücke für ein bestimmtes $\frac{u}{c}$ proportional der Geschwindigkeit c; die Wirkungsgrade sind also nur von dem Verhältnis $\frac{u}{c}$ abhängig. Sie sind konstant für konstante Schaufelwinkel, da diese nach den hier gemachten Annahmen auch konstante Koeffizienten zur Folge haben. Dementsprechend sind in Fig. 76 die Wirkungsgrade für D- und RR-Stufen gleichzeitig geltend, als Funktion von $\frac{c}{u}$ für die angenommenen 5

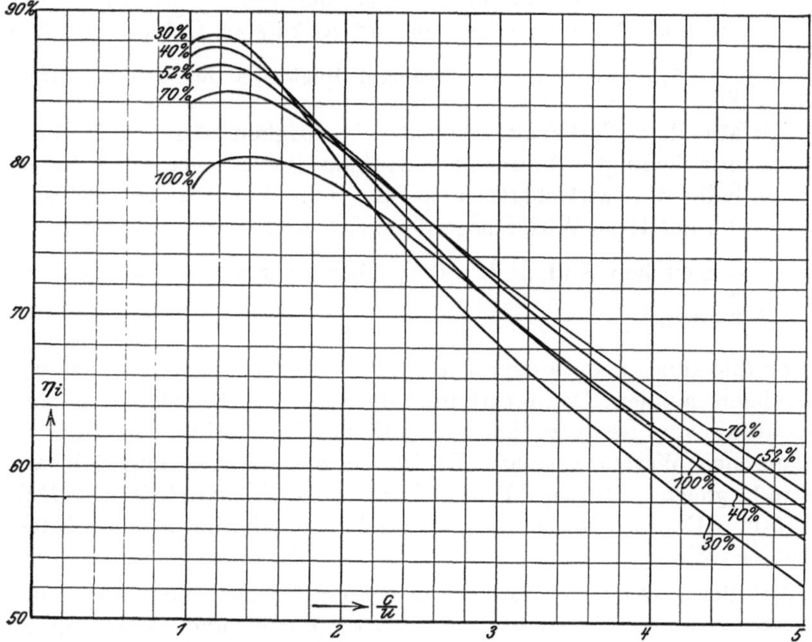

Fig. 77. Kurven der Wirkungsgrade am Radumfang von R-Stufen bezogen auf Leitschaufel-Eintrittsgeschwindigkeit $= c_2$ und Koeffizienten Fig. 72.

Leitschaufel-Austrittswinkel der D-Stufen resp. Laufschaufel-Austrittswinkel der RR-Stufen aufgetragen und in Fig. 77 in gleicher Weise für R-Stufen.

Die Kurven lassen folgende charakteristische Merkmale erkennen:

1. Die Ähnlichkeit mit den Kurven Fig. 53, d. h. der Einfluß des Austrittsverlustes kommt noch deutlich zum Ausdruck.

2. Das absolute Maximum stellt sich ebenso wie in Fig. 53 bei der R-Stufe mit 30% Leitschaufelaustritt ein.
3. Alle Maximalwerte rücken gegenüber Fig. 53 weiter nach links, weil die absoluten Austrittsgeschwindigkeiten wegen der Schaufelverluste relativ kleinere Werte annehmen.
4. Durch den zu den anderen Kurven relativ starken Abfall der Wirkungsgrade für 30% Neigung bei zunehmendem $\frac{c}{u}$ und denjenigen für 100% bei abnehmendem $\frac{c}{u}$ erweist sich die Berechtigung, diese Neigungen als Grenzwerte für die Schaufelaustrittswinkel anzusehen.
5. Wenn man für D- und R-Stufen die obersten Berührungskurven einzeichnet, ergibt sich, daß der Wirkungsgrad der D- und RR-Stufen in dem brauchbarsten Gebiet zwischen $\frac{c}{u} = 1{,}8$ und 3 etwas günstiger liegt, als der der R-Stufen.
6. Mit dem Vorbehalt, daß die Richtigkeit der Koeffizenten nur bedingte Gültigkeit hat, kann man sagen, daß innerhalb des wirtschaftlich in Betracht kommenden Gebietes die mittleren Wirkungsgrade aller Stufenarten bei konstantem $\frac{c}{u}$ zwischen Null und 100% Überdruck annähernd konstant bleiben.

Somit kann man aussprechen, daß zwischen allen Formen der vielstufigen axialen Dampfturbine, gleichwertige Konstruktion und Ausführung vorausgesetzt, kein wesentlicher Unterschied des thermodynamischen Wertes besteht. Es ist für gleiches Gesamtgefälle annähernd gleiche Stufenzahl und Umfangsgeschwindigkeit bei Null bis 100% Überdruck der Laufschaufeln, annähernd gleiche Nutz-Arbeit erreichbar.

Bei der praktischen Turbinenberechnung, wobei meist von Stufe zu Stufe veränderliche Werte von ϱ vorkommen und es der Spaltverluste wegen erwünscht ist, sowohl das Zusatzgefälle der Leitschaufel, als auch das der Laufschaufel zu kennen, ist es zweckmäßiger, wie folgt zu rechnen:

Man schreibt in das Geschwindigkeitsdreieck die Zahlenwerte der Strömungsgeschwindigkeiten ein (s. Fig. 87—96) und gleichzeitig ihre Gefällswerte, dann ist mit Bezug auf die Bezeichnungen Fig. 73

$$h = h_e + h_a = (h_{c0} - h'_{c2}) + 0,$$

$$h_i = (h_{c1} - h_{w1}) + (h_{w2} - h_{c2});$$

mit Bezug auf Fig. 74

$$h = h_e + h_a = (h_{c0} - h'_{c2}) + (h_{w0} - h_{w1}),$$

$$h_i = (h_{c1} - h_{w1}) + (h_{w2} - h_{c2}).$$

Die vorstehenden Formeln nach Fig. 74 sind für jedes beliebige Gefällsverhältnis und für beliebige Schaufelprofile brauchbar.

Mit Bezug auf Fig. 75

$$h = h_e + h_a = 0 + (h_{w0} - h_{w1}),$$

$$h_i = (h_{c1} - h_{w1}) + (h_{w2} - h_{c2}).$$

Für alle drei Beispiele ergibt sich mit $\eta_i = \frac{h_i}{h}$ der tatsächliche Wert des Wirkungsgrades am Radumfang, wenn in die Formeln für h als h'_{c2} die tatsächliche Größe der in die Leitschaufel gelangenden Eintrittsströmung eingeführt wird.

Mit Rücksicht auf diese einfachste Rechenmethode ist die Tabelle Abschn. Nr. 57 für Berechnung der Vielstufen aufgestellt.

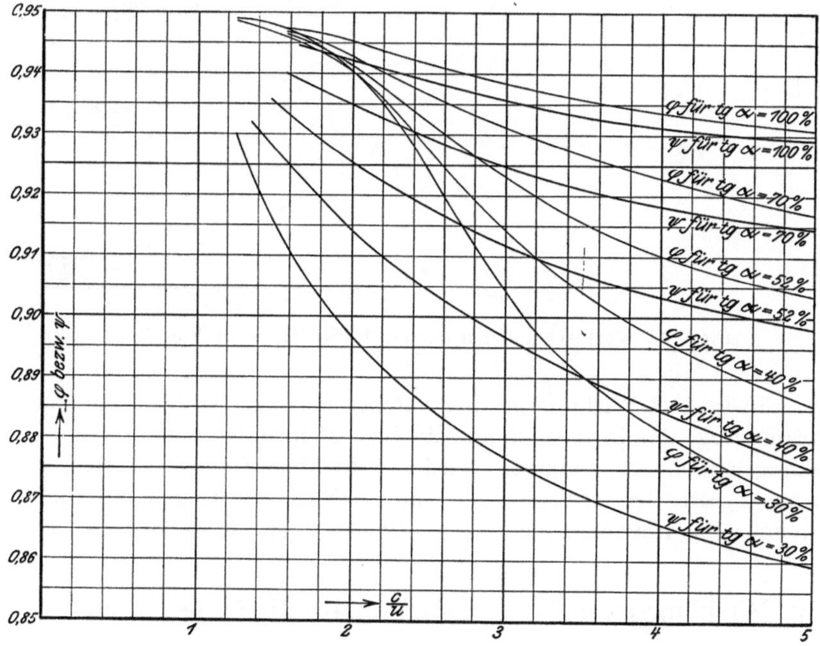

Fig. 78. Verlustkoeffizienten der D- und RR-Stufen nach Fig. 76.

In Fig. 78 und Fig. 79 sind rückwärts aus den Berechnungen die zu den D- und R-Kurven Fig. 76 und 77 gehörigen Koeffizienten in Kurvenform gleichfalls über $\frac{c}{u}$ aufgetragen. Es wird durch die Kurven die Abweichung von den meist üblichen Rechnungsmethoden, die unter der Voraussetzung konstanter Koeffizienten für ein bestimmtes Überdruckverhältnis aufgestellt sind, gekennzeichnet. Die Kurven haben allgemein die Tendenz nach den $\frac{c}{u}$-Werten hin, die

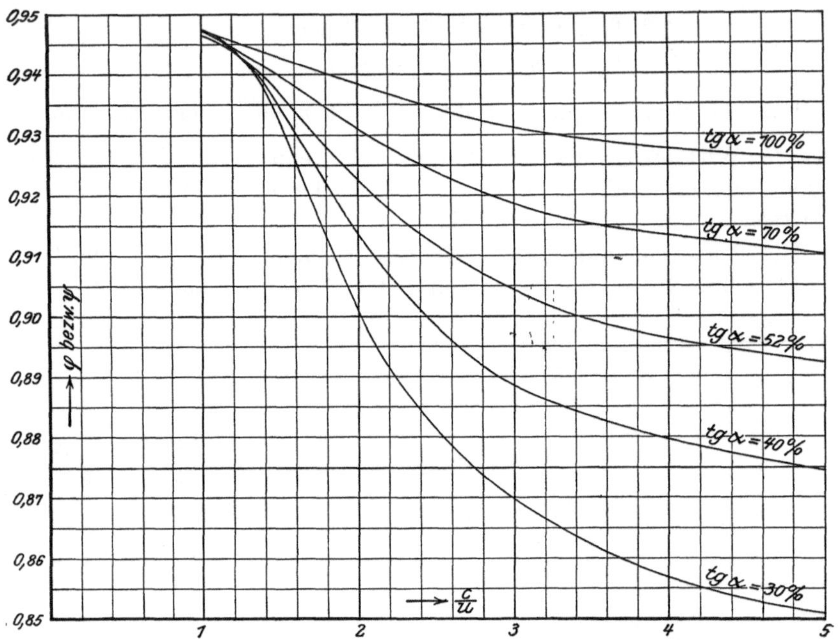

Fig. 79. Verlustkoeffizienten der R-Stufen nach Fig. 77.

den günstigsten Wirkungsgraden entsprechen, zu steigen, in Übereinstimmung damit, daß dann die Schaufelprofile flacher, die Umlenkungswinkel also kleiner werden. In dem Gebiet, in dem der Wirkungsgrad der D-Stufe dem der R-Stufe überlegen ist, finden sich konsequenterweise für letztere ungünstigere Koeffizienten.

39. Wirkungsgrad bei konstanten Koeffizienten φ und ψ.

Um zu vergleichen, wie sich die Wirkungsgradkurven nach den hier angenommenen Koeffizienten gegenüber mit konstanten Koeffizienten berechneten verhalten, seien die mittleren Kurven für $52\,^0/_0$ Leitschaufelneigung gewählt. Aus Fig. 78 ergibt sich für D-Stufen zwischen $\frac{c}{u} = 1{,}3$ und 4 ein mittleres $\varphi = \psi = 0{,}925$ und aus Fig. 79 für R-Stufen ein solches von ca. 0,92. Die hiermit berechneten η_i-Kurven sind samt der für den gleichen Winkel aus Fig. 76 und der η_n-Kurve aus Fig. 48 in Fig. 80 für die D-Stufe eingetragen. Ebenso sind in Fig. 81 die drei Kurven mit Hilfe von Fig. 77 und 50 zusammengestellt. In beiden Fällen überschneiden sich die η_i-Kurven zwischen den Werten $\frac{c}{u} = 2$ und 3. Für niedri-

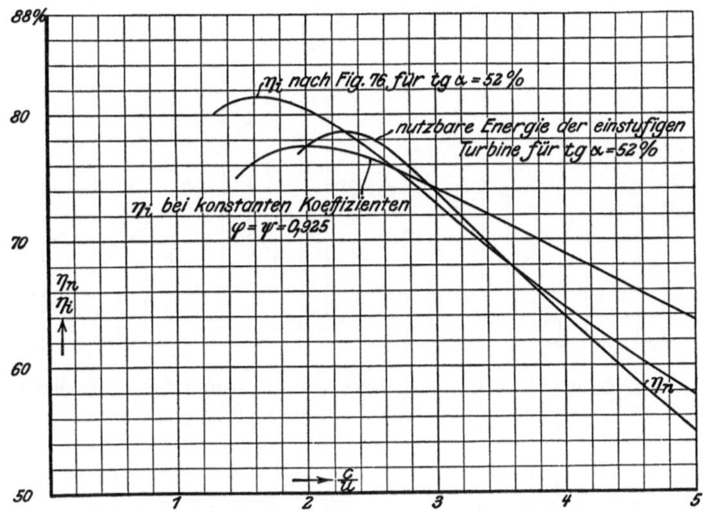

Fig. 80. Vergleich des Wirkungsgrades von D-Stufen bei variablen und konstanten Koeffizienten = 0,925.

gere Werte von $\frac{c}{u}$ liegt die mit konstanten Koeffizienten berechnete Kurve unterhalb, für höhere Werte oberhalb der anderen. Die gleichfalls eingetragenen η_n-Kurven bestätigen die größere Wahrscheinlichkeit der angenommenen variablen Koeffizienten, da die hiermit berechneten Kurven eine bessere Anpassung an die η_n-Kurven zeigen, während die Kurven konstanter Koeffizienten der Austrittsgeschwindigkeit einen nach dem Ergebnis der C-Stufen zu großen günstigen Einfluß auf den Wirkungsgrad der folgenden Stufe zuschieben. Die Kurven mit variablen Koeffizienten haben zwar eine ähnliche Tendenz, aber in weit geringerem Maße.

Wendet man ähnliche mittlere Koeffizienten auch auf die Kurven der anderen Winkel an, so ergibt sich ein Kurvenfeld wie in Fig. 82 für D-Stufen und in Fig. 83 für R-Stufen dargestellt. Beide Kurvenscharen sind mit $\varphi = \psi = 0{,}9$ berechnet. Die Abweichung dieser Kurven wird, gegenüber denen mit variablen Koeffizienten, mit zunehmendem $\operatorname{tg}\alpha$ immer größer, was, wie erwähnt, zu ungunsten des

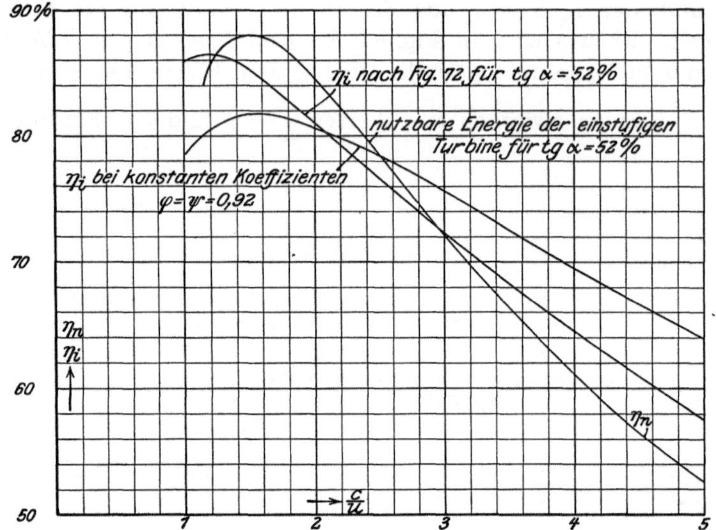

Fig. 81. Vergleich des Wirkungsgrades von R-Stufen bei variablen und konstanten Koeffizienten = 0,92.

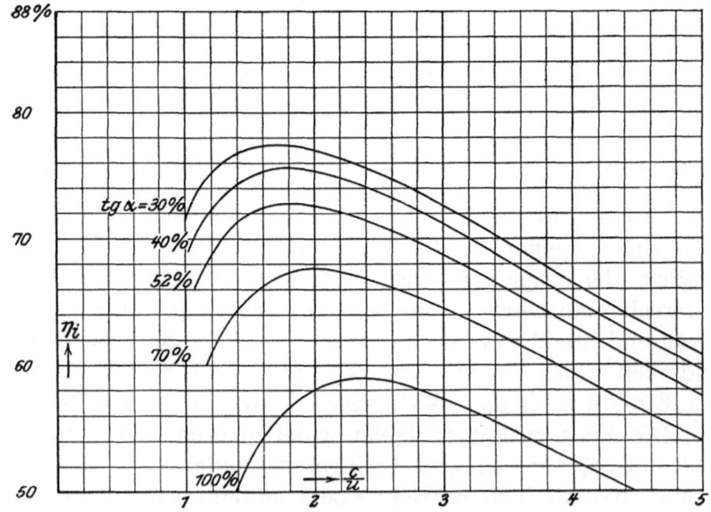

Fig. 82. Kurven der Wirkungsgrade am Radumfung von D-Stufen bei konstanten Koeffizienten $\varphi = \psi = 0{,}9$.

Niederdruckteils geht, weil man dort die größeren Winkel anwenden muß.

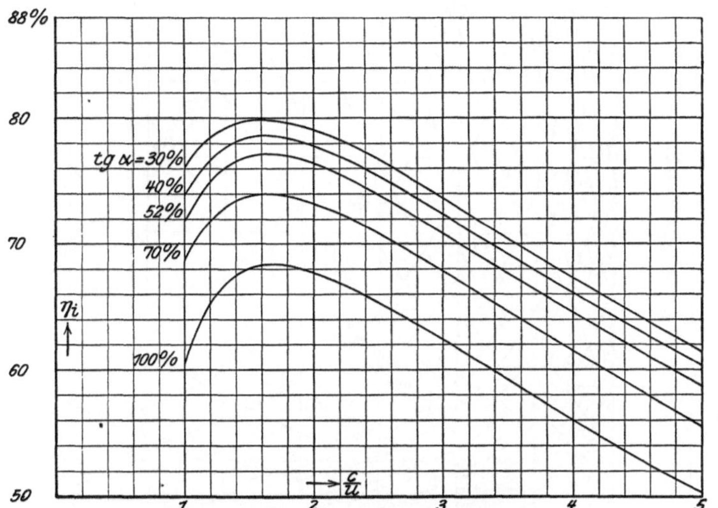

Fig. 83. Kurven der Wirkungsgrade am Radumfang von R-Stufen bei konstanten Koeffizienten. $\varphi = \psi = 0{,}9$.

40. Beziehungen zwischen Wärmegefälle, Stufenzahl und Wirkungsgrad am Radumfang.

Nachdem die Wirkungsgradkurven sämtlich als Funktion der dem Stufenzusatzgefälle entsprechenden Geschwindigkeit c resp. dem Verhältnis $\frac{c}{u}$ aufgetragen wurden, ist ein einfaches Mittel gegeben, die Beziehungen zwischen Wärmegefälle, Umfangsgeschwindigkeit, Stufenzahl und Wirkungsgrad übersichtlich in Kurvenformen darzustellen (s. Fig. 84 und 85).

Dort sind zunächst über der gleichen Abszissenbasis, über der die Wirkungsgradkurven dargestellt sind, mit dem Stufengefälle als Ordinate, die Gefällskurven für eine Reihe angenommener Schaufelumfangsgeschwindigkeiten aufgetragen, die das praktisch brauchbare Gebiet auch für C-Stufen ungefähr umfassen.

Um einen Maßstab für die Stufenzahl festzulegen, wurde als $\Sigma(h)$ ein Gesamtgefälle von 200 WE angenommen, die für Vollturbinen ungefähr als mittlerer Wert gelten können. Die in den beiden Figuren eingetragenen Kurven der Stufenzahlen z repräsentieren also die Werte:

$$z = 200 \frac{2\,g}{c^2 A}.$$

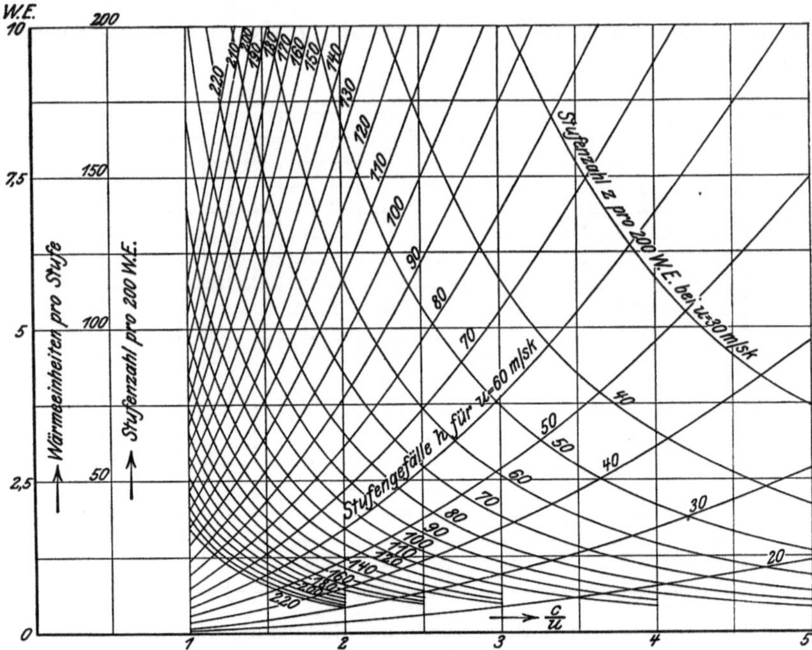

Fig. 84. Beziehungen zwischen Wärmegefälle und Umfangsgeschwindigkeit.

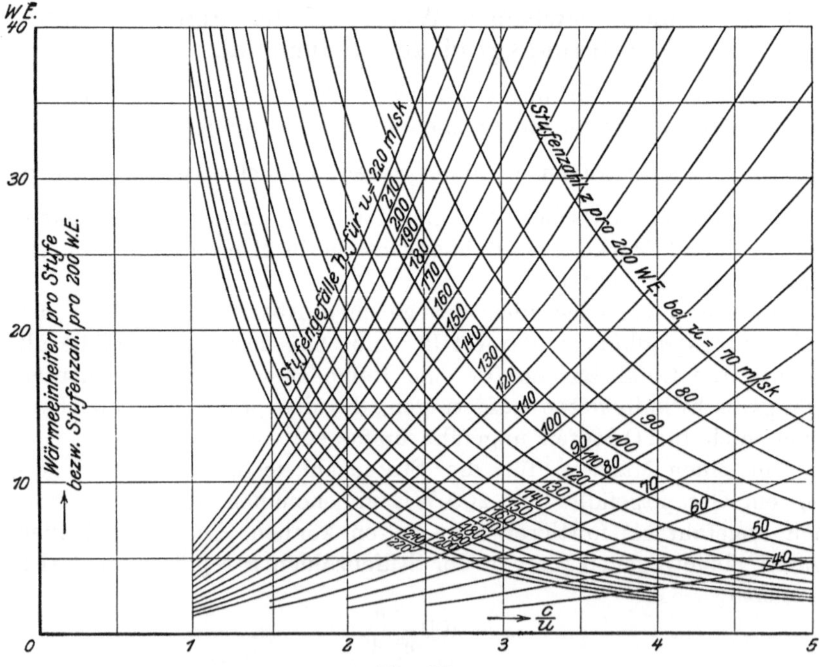

Fig. 85.

Um das ganze in Betracht gezogene Gebiet:

$$u = 20 \text{ bis } 220 \text{ m/sk}$$
$$z = \text{max. } 200 \text{ Stufen pro } 200 \text{ WE}$$
$$h = \text{max. } 40 \text{ WE pro Stufe}$$

darzustellen, war es notwendig, zwei Kurvenscharen mit verschiedenen Abszissen- und Ordinatenmaßstäben zu zeichnen, die sich gegenseitig ergänzen.

Findet man bei konstantem $\frac{c}{u}$ für ein bestimmtes u eine Stufenzahl:

$$z_1 = 200 \frac{2\,g}{c_1^{\,2} A} = \frac{200}{h_1},$$

für ein anderes u

$$z_2 = 200 \frac{2\,g}{c_2 A} = \frac{200}{h_2},$$

so ist:

$$\frac{z_1}{z_2} = \frac{c_2^{\,2}}{c_1^{\,2}} = \frac{h_2}{h_1}$$

oder da $\frac{c}{u} =$ konstant, kann man auch schreiben:

$$\frac{z_1}{z_2} = \frac{u_2^{\,2}}{u_1^{\,2}},$$

d. h. die Stufenzahlen ändern sich bei annähernd gleichbleibendem Wirkungsgrad umgekehrt proportional mit dem Stufengefälle, wobei u mit $\sqrt{h}$ resp. $\sqrt{z}$ zunimmt.

Betrachtet man das Gebiet der günstigsten Wirkungsgrade der D-Stufen $\frac{c}{u} = 1{,}5$ bis 2, so ergibt sich, daß bei $u = 220$ m/sk, wofür lediglich Kammerturbinen in Frage kommen, 15 bis 9 Stufen angewandt werden müssen, um 200 WE umzusetzen (Fig. 85); begnügt man sich dagegen mit $\frac{c}{u} = 4$ entsprechend einem mittleren Wirkungsgrad von $\eta_i = 63\,^0/_0$, so sind bereits 2 Stufen ausreichend.[1]) Will man eine Trommelturbine anwenden, so ist aus Festigkeitsgründen $u =$ ca. 120 m/sk als oberste Grenze anzusehen. Dann liegen die Stufenzahlen für den günstigsten Wirkungsgrad $\left(\frac{c}{u} = 1{,}5 \text{ bis } 2\right)$ zwischen

[1]) Bei Benutzung der Kurven Fig. 76/77 ist stets zu beachten, daß sie den Austrittsverlust unberücksichtigt lassen. Der Wirkungsgrad η_i wird durch den Austrittsverlust gegenüber den Kurvenwerten herabgedrückt, und zwar um so mehr, je größer $\frac{c}{u}$ und je kleiner z ist.

52 und 29 Stufen. Bei $\frac{c}{u} = 4$ ergeben sich 8 Stufen. Im letzteren Fall würde die Kammerturbine der Spaltverluste wegen im Vorteil sein.

Für die R-Stufen liegen die günstigsten Wirkungsgrade zwischen $\frac{c}{u} = 1{,}2$ und 1,4. Da hierfür ausschließlich Trommelturbinen in Frage kommen, die Umfangsgeschwindigkeitsgrenze also bei ca. 120 m/sk liegt, so sind 80 bis 60 Stufen anzuwenden (Fig. 84). Der Mehraufwand an Stufen ist daher gegenüber denen für den maximalen Wirkungsgrad der D-Stufen resp. Kammerturbine so beträchtlich, daß er zu dem am Wirkungsgrad erreichbaren Gewinn von ca. 4 % in keinem annehmbaren Verhältnis steht.

Wichtig ist es noch, zu untersuchen, wie sich die Stufenzahlen und der Wirkungsgrad bei konstanter Umfangsgeschwindigkeit u und unveränderlichem $\frac{c}{u}$ verhalten.

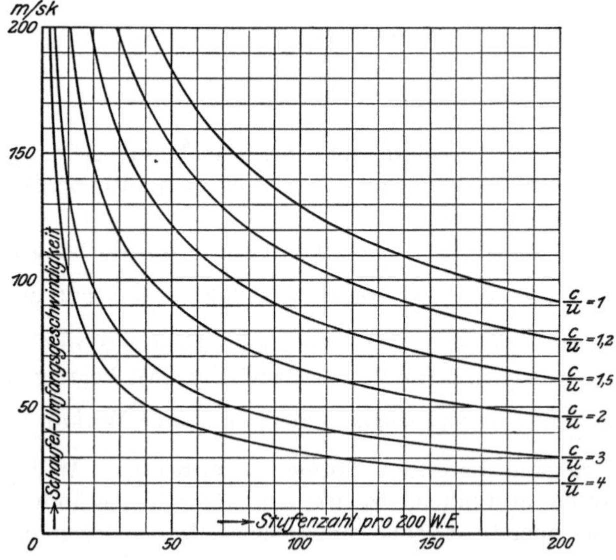

Fig. 86. Abhängigkeit der Werte $\frac{c}{u}$ von Stufenzahl und Umfangsgeschwindigkeit.

Nach der erwähnten Beziehung für $\frac{z_1}{z_2}$ ändern sich die Stufenzahlen umgekehrt proportional mit dem Quadrat der Gefällsgeschwindigkeiten, wobei sich der Wirkungsgrad η_i entsprechend den Fig. 76 und 77 ändert. Obgleich diese Beziehungen aus den Fig. 84 und 85 hervorgehen, erscheint es angebracht, noch eine deutlichere Darstellung zu geben (s. Fig. 86), in der die Stufenzahlen als Abszissen, die Umfangsgeschwindigkeiten als Ordinaten erscheinen und die Kurven verschiedener $\frac{c}{u}$, d. h. angenähert konstanten Wirkungsgrades eingezeichnet sind.

Die Kurven bringen noch mehr als die vorhergehenden zum Ausdruck, daß der maximale Wirkungsgrad nur unter Anwendung der hohen Geschwindigkeiten zu erzielen ist, daß aber der geringe Gewinn, der bei kleineren Werten als $\frac{c}{u} = 2$ noch erzielt werden kann, d. h. Null bis 8 % Wirkungsgrad, mit einer Vermehrung der Stufenzahl um 75 % bis 175 % erkauft werden muß. Bei 60 m Umfangsgeschwindigkeit ist der maximale Wirkungsgrad mit 200 Stufen noch annähernd zu erreichen. Muß die wirtschaftlich zulässige Grenze der Stufenzahl niedriger gezogen werden, z. B. 100 Stufen betragen, so steigt der entsprechende u-Wert auf ca. 85 m/sk. Unterhalb dieser Umfangsgeschwindigkeiten wäre dann der maximale Wirkungsgrad nicht mehr erreichbar.

41. Günstigste Werte von Umfangsgeschwindigkeit und Stufenzahl.

Bezeichnet man das Verhältnis $\frac{c}{u}$ mit C, dann ist

$$c = u\,C.$$

Führt man für das in den Kurven mit 200 WE angenommene Gesamtgefälle den allgemeinen Wert

$$\Sigma(h) = H$$

ein, so schreibt sich die frühere Formel für die Stufenzahl:

$$z = H \frac{2\,g}{c^2\,A},$$

für c obigen Wert eingesetzt:

$$z = \frac{H}{u^2\,C^2} \frac{2\,g}{A},$$

d. h. unter Voraussetzung konstanten Gesamtgefälles und annähernd konstanten Wirkungsgrades $\left(\frac{c}{u} = \text{konstant}\right)$ ändert sich die Stufenzahl umgekehrt proportional mit dem Quadrat der Umfangsgeschwindigkeit, oder, wenn man schreibt:

$$zu^2 = \frac{H}{C^2} \frac{2g}{A},$$

so ist das Produkt zu^2 für ein gegebenes H eine konstante Größe. Dieser Ausdruck zu^2 entspricht aber bei konstanter Tourenzahl annähernd der idealen Volumen- resp. Gewichtsgröße der Turbine, es ergibt sich mithin, daß unter der gleichen Voraussetzung: konstantes Gesamtgefälle und annähernd konstanter Wirkungsgrad bei Voraussetzung einer konstanten Tourenzahl, das Gewicht der Vielstufenturbine mit einem Laufkranz pro Stufe für alle zusammengehörigen Werte von z und u konstant bleibt. Die Wahl der Umfangsgeschwindigkeit, von der man bei den meisten Entwürfen ausgehen muß, hat daher keinen prinzipiellen Einfluß auf das Gewicht resp. die Herstellungskosten; diese werden lediglich beeinflußt durch die konstruktive Lösung der Aufgabe.

42. Einfluß der Tourenzahl.

Die Tourenzahl ist fast immer durch die getriebene Maschine bestimmt. Durch die Abhängigkeit des Wirkungsgrades von dem Verhältnis $\frac{c}{u}$ einerseits und die Beziehung $\frac{n_1}{n_2} = \frac{D_2}{D_1}$ andererseits, wobei unter Voraussetzung konstanter Umfangsgeschwindigkeit, D_1 den zu n_1 und D_2 den zu n_2 gehörigen wirksamen Schaufelkreisdurchmesser bedeutet, kommt zum Ausdruck, das das ideale Turbinengewicht sich umgekehrt proportional mit dem Quadrat der Tourenzahl ändert. Es ist also unter allen Umständen anzustreben, diese so hoch wie möglich zu fixieren, was in der Entwicklung der praktischen Konstruktionen auch ständig zum Ausdruck kommt.

Mit der vorstehenden Übersicht wird illustriert, was nicht besonders bewiesen zu werden braucht, nämlich, daß es eine wirtschaftlich günstigste Dampfturbine nicht gibt. Diese bleibt stets ein Kompromiß aus den Forderungen der Thermodynamik, den zulässigen Materialbeanspruchungen und dem Herstellungspreis. Daraus folgt, daß, abgesehen von lokalen Verbesserungen in der Strömungsausnutzung, die Fortschritte der Materialtechnik auch eine wirtschaftlich günstigere Ausnutzung erlauben.

43. Schaufelprofile für Vielstufenturbinen.

Nachdem durch die Wirkungsgradkurven eine Übersicht über das brauchbare Gebiet der Beschauflungen gegeben ist, sollen auch die Schaufelformen selbst näher untersucht werden. Die Unter-

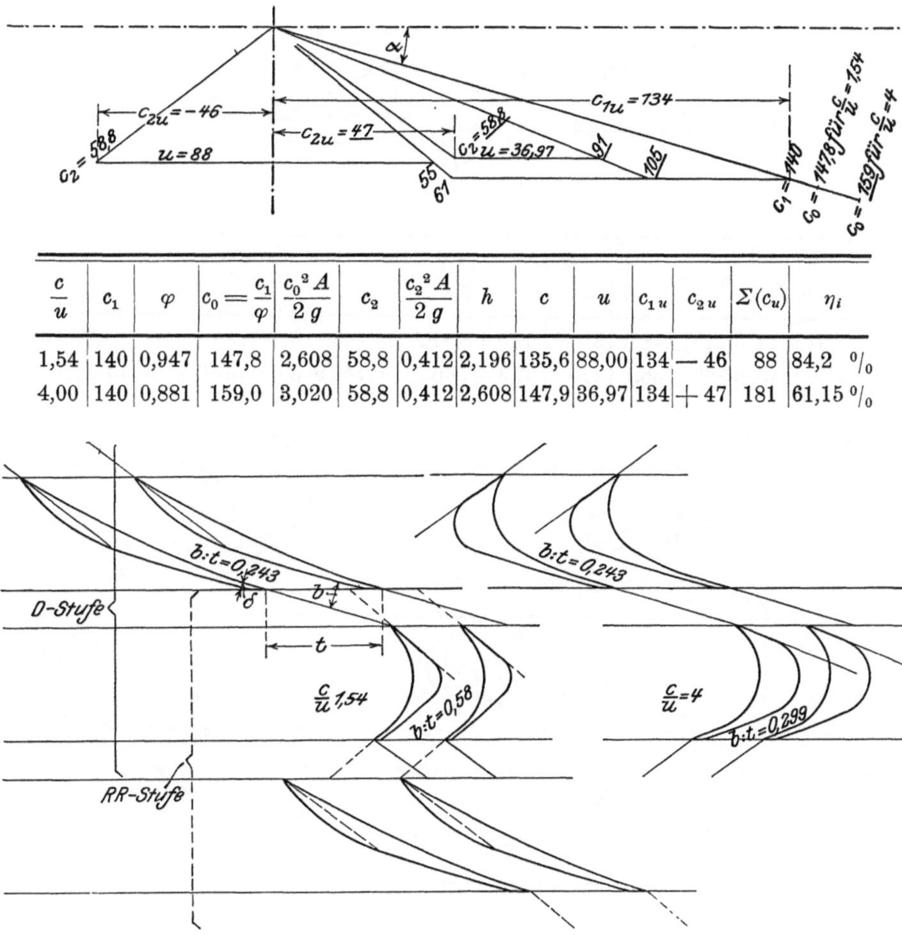

$\frac{c}{u}$	c_1	φ	$c_0 = \frac{c_1}{\varphi}$	$\frac{c_0^2 A}{2g}$	c_2	$\frac{c_2^2 A}{2g}$	h	c	u	c_{1u}	c_{2u}	$\Sigma(c_u)$	η_i
1,54	140	0,947	147,8	2,608	58,8	0,412	2,196	135,6	88,00	134	— 46	88	84,2 %
4,00	140	0,881	159,0	3,020	58,8	0,412	2,608	147,9	36,97	134	+ 47	181	61,15 %

Fig. 87. D- und RR-Stufen für $\operatorname{tg} \alpha = 30\,\%$.

suchungen werden sich auf die beiden Grenzwerte beschränken, die sich für jede η_i-Kurve (Fig. 76 und 77) bei dem graphisch leicht zu ermittelnden Maximum und bei dem willkürlich gewählten unteren Werte für $\frac{c}{u} = 4$ ergeben. Die Übersicht umfaßt infolgedessen je

5 Schaufelpaare für D- und R-Stufen, die in den Fig. 87 bis 96 unter den zugehörigen Geschwindigkeitsdreiecken dargestellt sind.

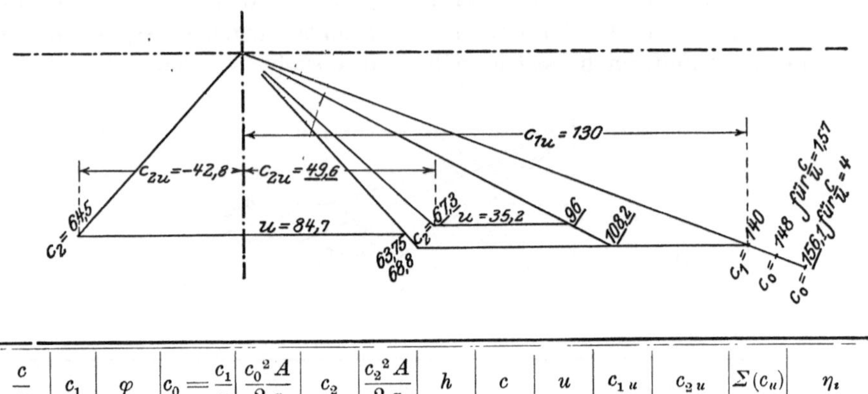

$\frac{c}{u}$	c_1	φ	$c_0 = \frac{c_1}{\varphi}$	$\frac{c_0^2 A}{2g}$	c_2	$\frac{c_2^2 A}{2g}$	h	c	u	c_{1u}	c_{2u}	$\Sigma(c_u)$	η_i
1,57	140	0,946	148,0	2,610	64,5	0,496	2,114	133,1	84,7	130,0	— 42,8	87,2	83,35 %
4,00	140	0,896	156,1	2,910	67,3	0,540	2,370	140,9	35,2	130,0	+ 49,6	179,6	63,7 %

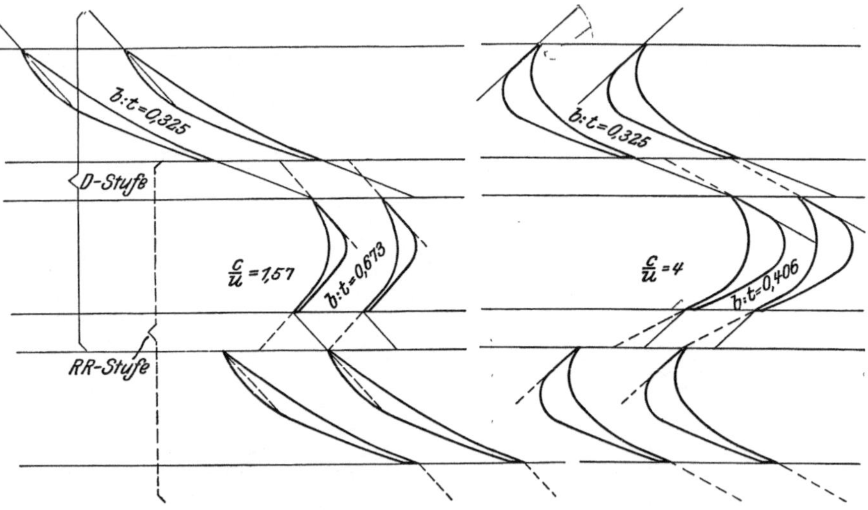

Fig. 88. D- und RR-Stufen für tg $\alpha = 40\,\%$.

In den Geschwindigkeitsdreiecken wurde zur Erleichterung der Rechnung überall derselbe Wert von c_1 angenommen. Die zur Berechnung von η_i nötigen Werte sind jeder Figur beigesetzt.

Für die Konstruktion der Schaufelprofile waren folgende Grundsätze leitend:

1. Das Verhältnis $\frac{b}{t} = \frac{\text{Kanalaustrittsbreite}}{\text{Schaufelteilung}}$ ist für alle Leitschaufeln, bei R-Profilen auch für die Laufschaufeln mit gleichem Austrittswinkel gleichbleibend angenommen.

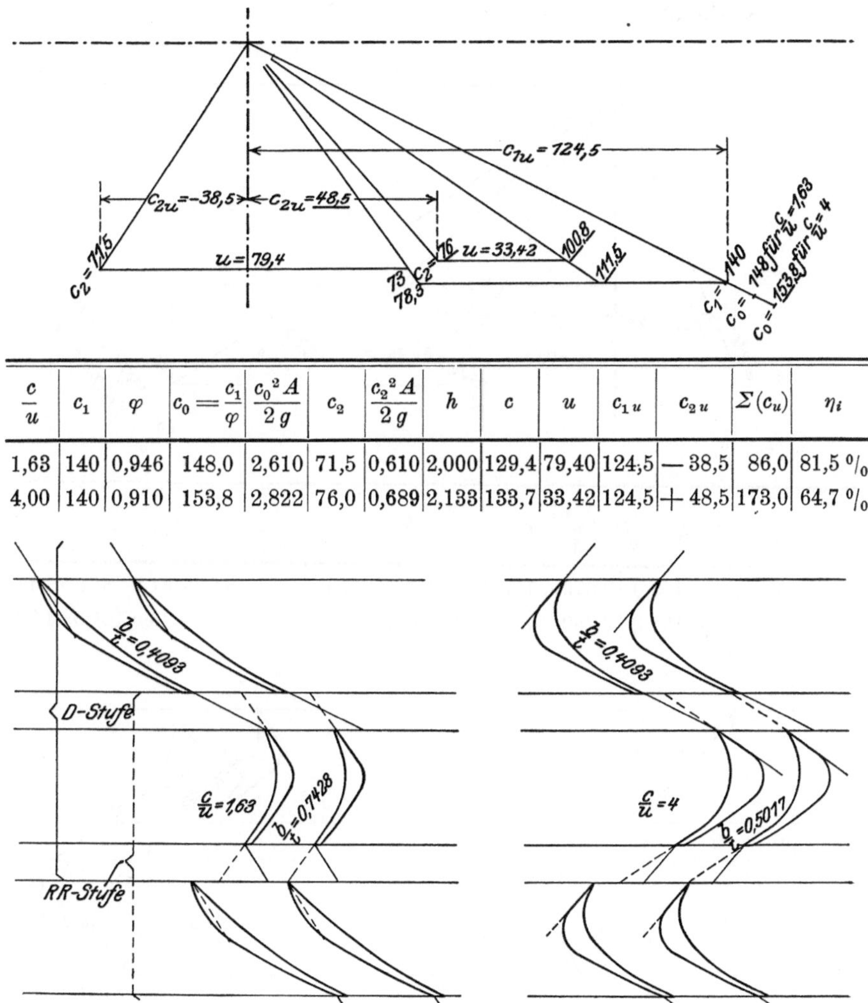

$\frac{c}{u}$	c_1	φ	$c_0 = \frac{c_1}{\varphi}$	$\frac{c_0^2 A}{2g}$	c_2	$\frac{c_2^2 A}{2g}$	h	c	u	c_{1u}	c_{2u}	$\Sigma(c_u)$	η_i
1,63	140	0,946	148,0	2,610	71,5	0,610	2,000	129,4	79,40	124,5	— 38,5	86,0	81,5 %
4,00	140	0,910	153,8	2,822	76,0	0,689	2,133	133,7	33,42	124,5	+ 48,5	173,0	64,7 %

Fig. 89. D- und RR-Stufen für $\operatorname{tg} \alpha = 52\,\%$.

Diese Annahme ist wichtig, weil man mit ihrer Hilfe die Querschnittsberechnung einer Turbine durchführen kann, ohne die Profile genauer zu kennen. Für die Laufprofile der D-Stufen dagegen ist die Teilung konstant und zwar zu 60%

der Schaufelbreite angenommen, weil sich bei konstantem $\frac{b}{t}$ zu ungünstige Kanalverhältnisse ergeben. Dadurch wird bei diesen Schaufeln das Verhältnis $\frac{b}{t}$ mit dem Austrittswinkel variabel.

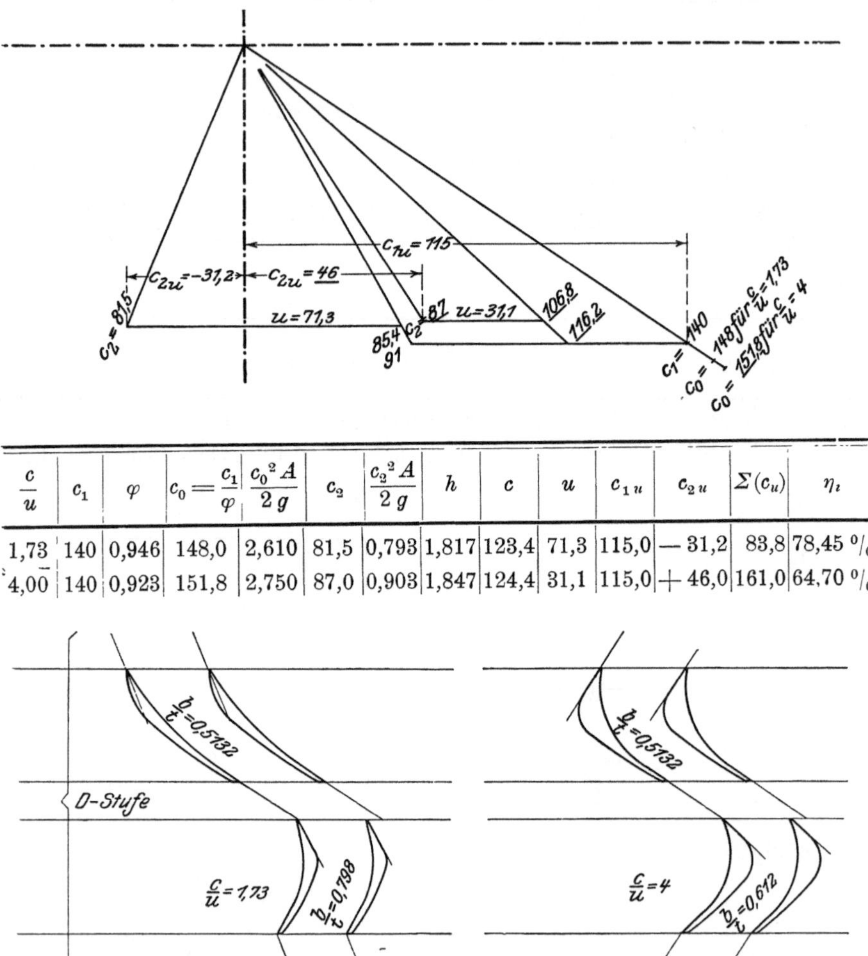

$\frac{c}{u}$	c_1	φ	$c_0 = \frac{c_1}{\varphi}$	$\frac{c_0^2 A}{2g}$	c_2	$\frac{c_2^2 A}{2g}$	h	c	u	c_{1u}	c_{2u}	$\Sigma(c_u)$	η_i
1,73	140	0,946	148,0	2,610	81,5	0,793	1,817	123,4	71,3	115,0	— 31,2	83,8	78,45 %
4,00	140	0,923	151,8	2,750	87,0	0,903	1,847	124,4	31,1	115,0	+ 46,0	161,0	64,70 %

Fig. 90. D- und RR-Stufen für $\operatorname{tg} \alpha = 70\,\%$.

2. Alle Profile sind mit der Absicht entworfen, ihnen eine möglichst günstige Ausbildung der für die Energieverteilung maßgebenden Dampfaustrittsseite zu geben, und um die verlangte Ausströmrichtung möglichst zu sichern.

3. Die Eintrittskanten sind scharf angegeben, um die Zerstreuung des auftreffenden Dampfstromes auf das geringste Maß herabzudrücken.
4. Die Austrittskanten müssen der Schaufelherstellung und Festigkeit wegen eine gewisse Stärke behalten.

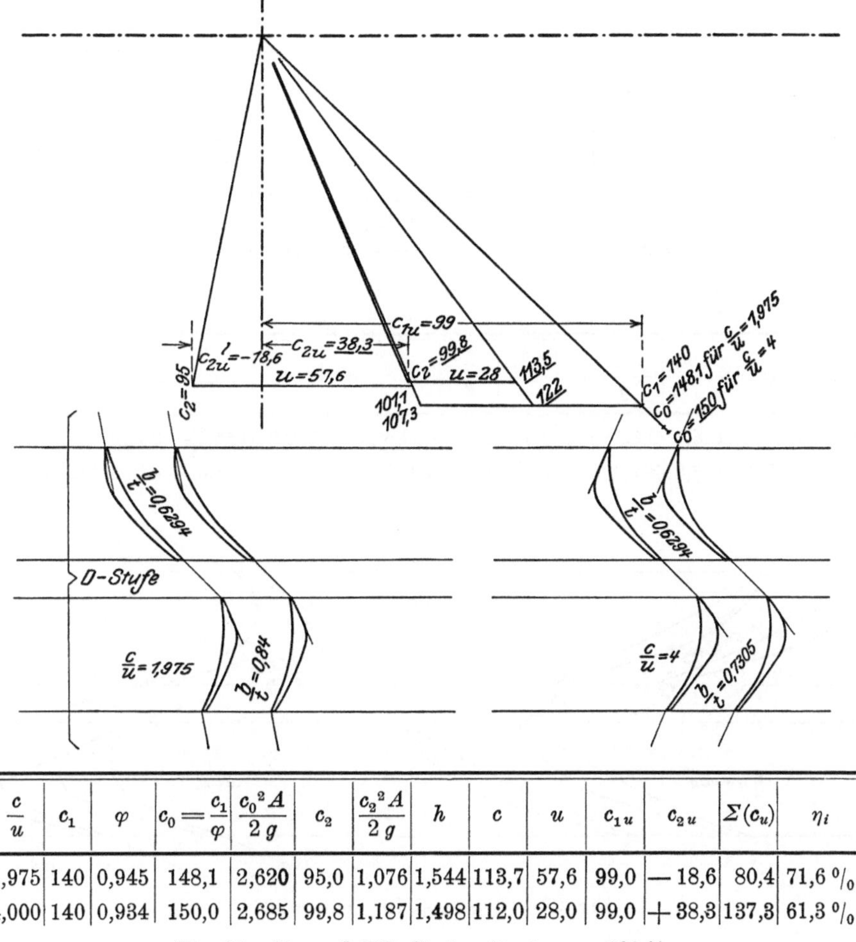

$\frac{c}{u}$	c_1	φ	$c_0=\frac{c_1}{\varphi}$	$\frac{c_0^2 A}{2g}$	c_2	$\frac{c_2^2 A}{2g}$	h	c	u	c_{1u}	c_{2u}	$\Sigma(c_u)$	η_i
1,975	140	0,945	148,1	2,620	95,0	1,076	1,544	113,7	57,6	99,0	— 18,6	80,4	71,6 %
4,000	140	0,934	150,0	2,685	99,8	1,187	1,498	112,0	28,0	99,0	+ 38,3	137,3	61,3 %

Fig. 91. D- und RR-Stufen für $\operatorname{tg}\alpha = 100\,\%$.

5. Um Rückstöße (hauptsächlich bei Laufprofilen) zu vermeiden, ist die Rückenkante des Profileintritts, wo es möglich war, bei Leitschaufeln in der Richtung des absoluten, bei Laufschaufeln in der Richtung des relativen Dampfeintritts angenommen.

Die Eintrittskante beginnt infolgedessen überall mit einem Stoßwinkel, dem nach früheren Erörterungen keine ungünstige Wirkung zuzuschreiben ist. Die dargestellten Profilpaare geben nur die Umgrenzung des brauchbaren Gebietes an. Da für jeden Austrittswinkel der Eintrittswinkel zwischen den beiden angegebenen Grenzen variieren

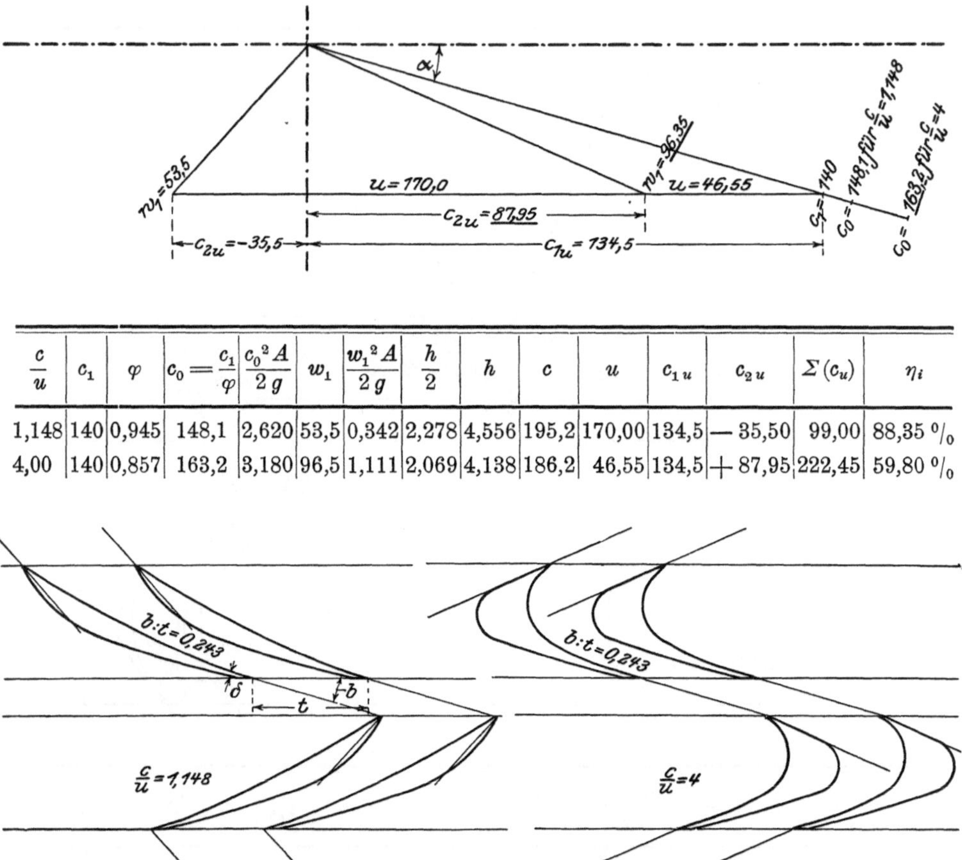

$\frac{c}{u}$	c_1	φ	$c_0=\frac{c_1}{\varphi}$	$\frac{c_0^2 A}{2g}$	w_1	$\frac{w_1^2 A}{2g}$	$\frac{h}{2}$	h	c	u	c_{1u}	c_{2u}	$\Sigma(c_u)$	η_i
1,148	140	0,945	148,1	2,620	53,5	0,342	2,278	4,556	195,2	170,00	134,5	— 35,50	99,00	88,35 %
4,00	140	0,857	163,2	3,180	96,5	1,111	2,069	4,138	186,2	46,55	134,5	+ 87,95	222,45	59,80 %

Fig. 92. R-Stufen für tg $\alpha = 30\,\%$.

kann und außerdem noch jedes Überdruckverhältnis zwischen Null und Eins möglich ist, ergibt sich, daß die Zahl der ausführbaren Profil-Kombinationen unbegrenzt ist.

Für reine Überdruckbeschauflungen sind nur in den Fig. 87 bis 89 einige Beispiele angeführt, bei denen ihr charakteristischer Unterschied am meisten auffällt.

Er besteht, wie erwähnt, darin, daß Absolut- und Relativgeschwindigkeiten gegeneinander vertauscht sind. Dadurch werden die Laufschaufeln der D-Stufen identisch mit den Leitschaufeln der RR-Stufen und die Leitschaufeln der ersteren mit den Laufschaufeln der letzteren. Dieser Wechsel hat einen unbedingt günstigen Einfluß auf die Dampfströmung im Axialspalt. Die Richtung der Dampfströmungen

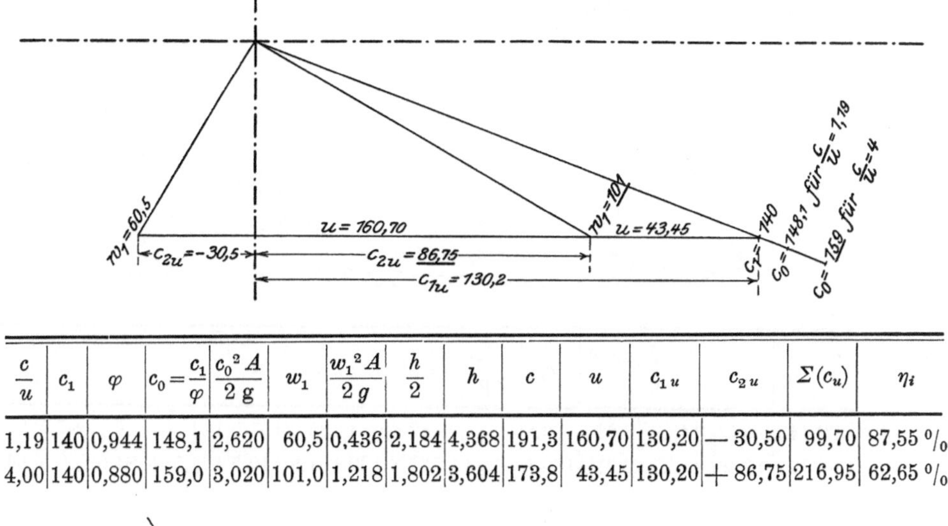

$\frac{c}{u}$	c_1	φ	$c_0=\frac{c_1}{\varphi}$	$\frac{c_0^2 A}{2g}$	w_1	$\frac{w_1^2 A}{2g}$	$\frac{h}{2}$	h	c	u	c_{1u}	c_{2u}	$\Sigma(c_u)$	η_i
1,19	140	0,944	148,1	2,620	60,5	0,436	2,184	4,368	191,3	160,70	130,20	— 30,50	99,70	87,55 %
4,00	140	0,880	159,0	3,020	101,0	1,218	1,802	3,604	173,8	43,45	130,20	+ 86,75	216,95	62,65 %

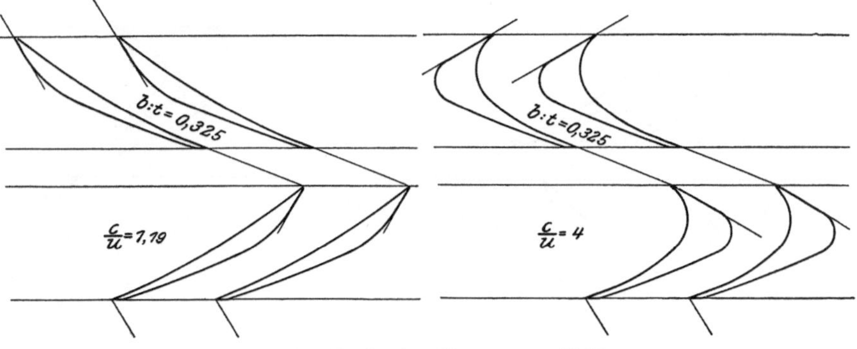

Fig. 93. R-Stufen für $\operatorname{tg} \alpha = 40\,\%$.

ist in dem oberen Schaufelpaar in ausgezogenen Linien für die D-Stufe, im unteren Schaufelpaar punktiert für die RR-Stufe eingetragen. Während bei der D-Stufe die größte vorkommende Dampfgeschwindigkeit c_1 mit dem flachen Winkel α den Spalt zwischen Leit- und Laufschaufel passieren muß, tritt die größte Geschwindigkeit bei der RR-Stufe nur als Relativgeschwindigkeit w_2 auf und passiert den Spalt zwischen Lauf- und folgender Leitschaufel um die Tangentialkomponente u reduziert in dem stumpferen Winkel β, mit dem kleineren Wert w_1 (bezogen auf das D-Dreieck). Dadurch wird außerdem der Dampfweg im Spalt kürzer und die Sicherheit, daß die beabsichtigte Strömungsrichtung sich tatsächlich einstellt,

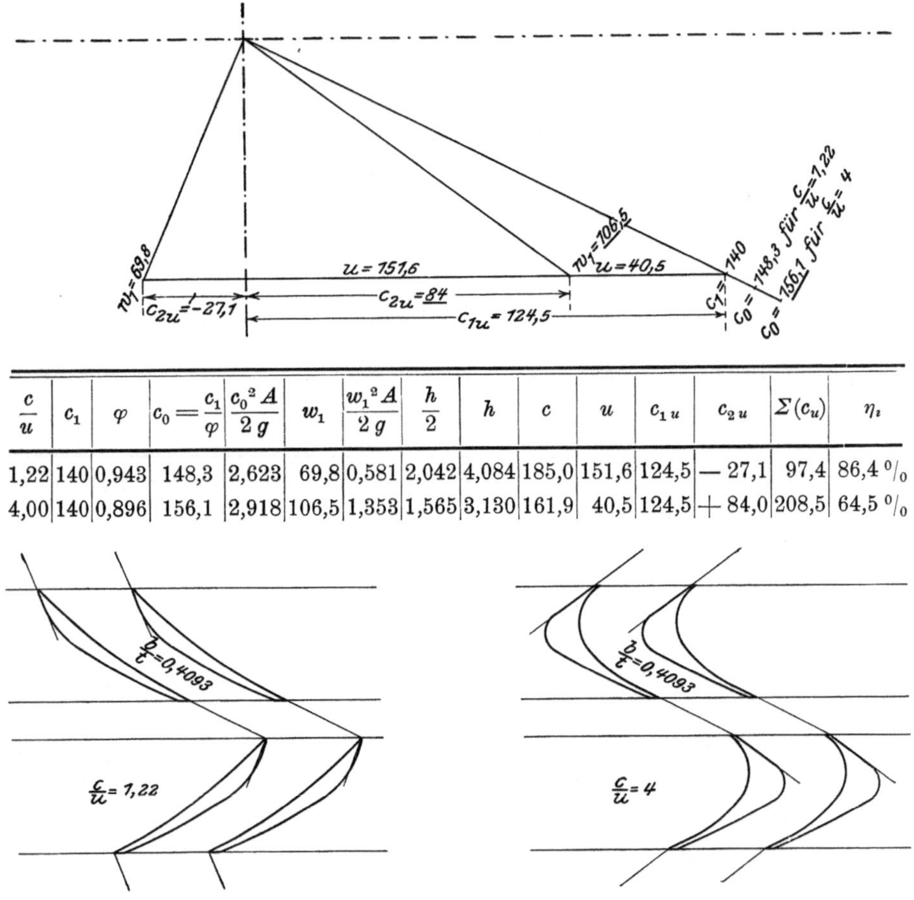

$\frac{c}{u}$	c_1	φ	$c_0 = \frac{c_1}{\varphi}$	$\frac{c_0^2 A}{2g}$	w_1	$\frac{w_1^2 A}{2g}$	$\frac{h}{2}$	h	c	u	c_{1u}	c_{2u}	$\Sigma(c_u)$	η_i
1,22	140	0,943	148,3	2,623	69,8	0,581	2,042	4,084	185,0	151,6	124,5	— 27,1	97,4	86,4 %
4,00	140	0,896	156,1	2,918	106,5	1,353	1,565	3,130	161,9	40,5	124,5	+ 84,0	208,5	64,5 %

Fig. 94. R-Stufen für $\operatorname{tg} \alpha = 52\,\%$.

größer. Die Strömungsrichtung im Spalt zwischen Leit- und Laufschaufel der RR-Turbine ist, wenn wie hier Leitschaufeln mit gleichen Ein- und Austrittswinkeln angenommen werden, gleich der Einströmrichtung. Die Austrittsgeschwindigkeit c_2 ist auf gleiches Gefälle bezogen, bei den kleinsten dargestellten Werten von $\frac{c}{u}$ für beide

Beschauflungen annähernd gleich, für größere Werte von $\frac{c}{u}$ bei der RR-Beschauflung zunehmend größer, was aber belanglos sein dürfte, weil die Eintrittsströmung in die Leitschaufeln keinen dominierenden Einfluß auf den Wirkungsgrad hat.

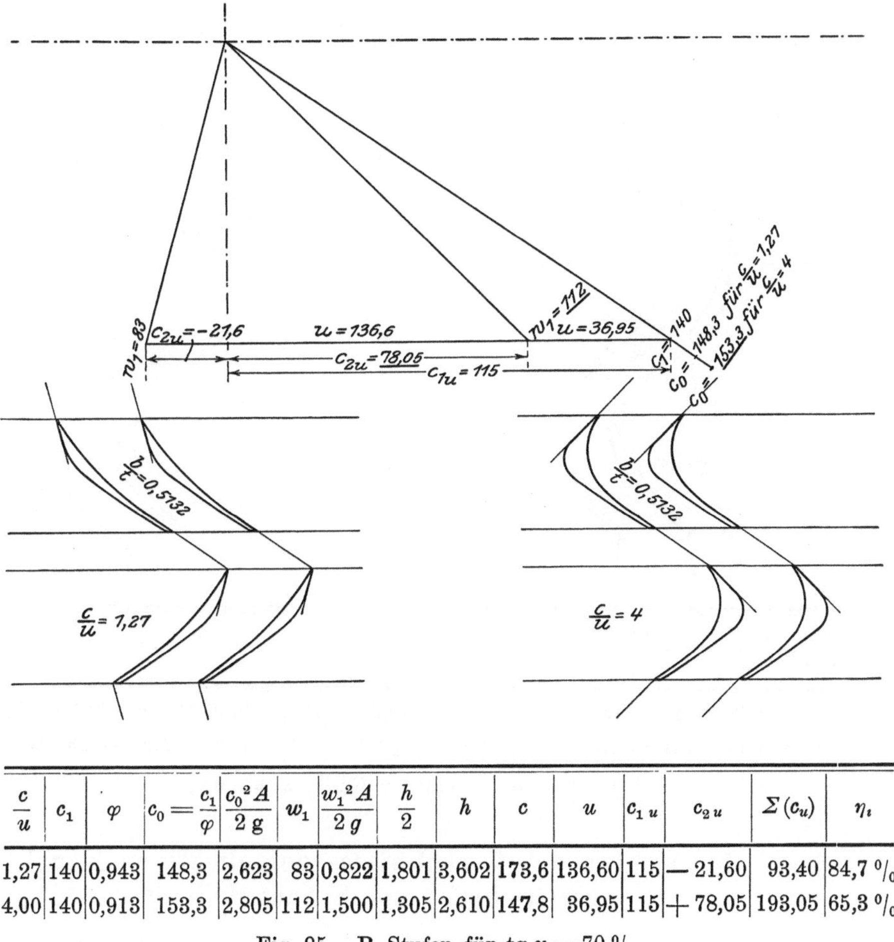

$\frac{c}{u}$	c_1	φ	$c_0 = \frac{c_1}{\varphi}$	$\frac{c_0^2 A}{2\,g}$	w_1	$\frac{w_1^2 A}{2\,g}$	$\frac{h}{2}$	h	c	u	$c_{1\,u}$	$c_{2\,u}$	$\Sigma(c_u)$	η_i
1,27	140	0,943	148,3	2,623	83	0,822	1,801	3,602	173,6	136,60	115	— 21,60	93,40	84,7 %
4,00	140	0,913	153,3	2,805	112	1,500	1,305	2,610	147,8	36,95	115	+ 78,05	193,05	65,3 %

Fig. 95. R-Stufen für tg $\alpha = 70$ %.

Diese charakteristischen Kennzeichen kommen hauptsächlich bei den kleinen Austrittswinkeln, mit denen die besten Wirkungsgrade erreichbar sind, zur Geltung. Mit zunehmenden Winkeln verwischen sich die äußerlichen Unterschiede zwischen den verschiedenen Beschauflungsarten mehr und mehr.

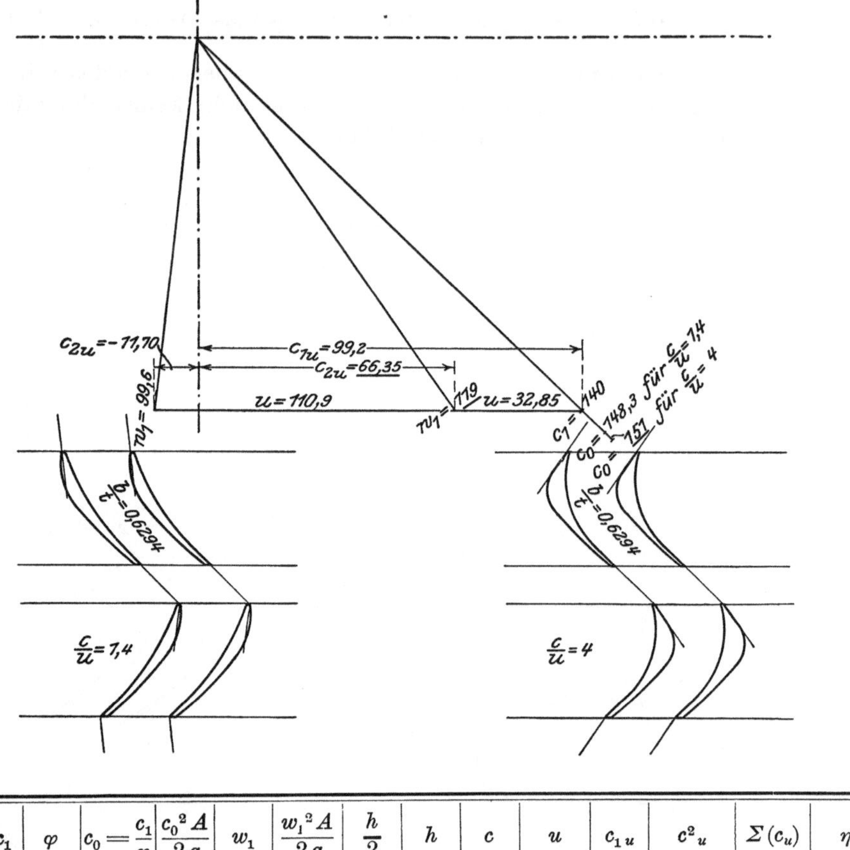

$\frac{c}{u}$	c_1	φ	$c_0=\frac{c_1}{\varphi}$	$\frac{c_0{}^2 A}{2g}$	w_1	$\frac{w_1{}^2 A}{2g}$	$\frac{h}{2}$	h	c	u	c_{1u}	$c^2{}_u$	$\Sigma(c_u)$	η_i
1,40	140	0,943	148,3	2,623	99,6	1,183	1,440	2,880	155,3	110,90	99,20	— 11,70	87,50	80,4 %
4,00	140	0,927	151,0	2,720	119,0	1,690	1,030	2,060	131,4	32,85	99,20	+ 66,35	165,55	63,1 %

Fig. 96. R-Stufen für $\operatorname{tg}\alpha = 100\,\%$.

44. Kurven des Verhältnisses der effektiven Kanalaustrittsbreite zur Schaufelteilung.

Es ist der Möglichkeit Rechnung zu tragen, daß außer den in den Fig. 87 bis 96 angegebenen Verhältniszahlen $\frac{b}{t}$ auch Zwischenwerte vorkommen. Das gilt hauptsächlich für die Laufschaufeln von D-Stufen und für die Leitschaufeln von RR-Stufen. In Fig. 97 ist zu dem Zweck unter Annahme der in den Fig. 87 bis 96 eingezeichneten Dimensionen über das ganze in Betracht kommende Gebiet der Tangente des Austrittswinkels sowohl die $\frac{b}{t}$-Kurve für Laufkanäle als auch die für Leitkanäle dargestellt. Die effektive Austrittsbreite b ergibt sich aus $b = \sin \beta \cdot t - \delta$, wo δ die aus der

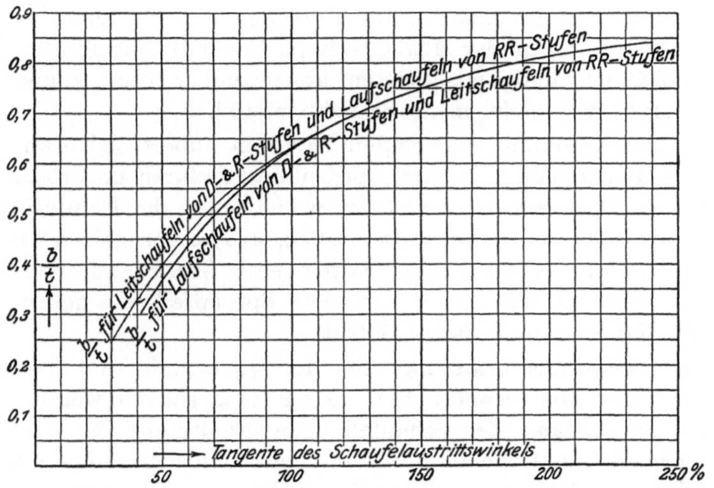

Fig. 97. Werte von $\frac{b}{t}$ für Schaufeln, Fig. 87—96.

Zeichnung entnommene Schaufeldicke am engsten Kanalquerschnitt ist. Fig. 97 ist bis tg $\sphericalangle = 250\,\%$ berechnet, weil bei den D-Stufen Laufschaufeln bis zu dieser Neigung vorkommen.

45. Strömungsquerschnitte.

Soweit die grundsätzlichen Faktoren in Betracht kommen, die den Turbinenwirkungsgrad beeinflussen, ist es unerläßlich, auf die Strömungsquerschnitte resp. Schaufellängen Rücksicht zu nehmen. Unter Querschnitt wird dabei der gesamte, für die Strömung nach der Kontinuitätsbedingung: $\Sigma(f)\, w_x = G\, v$ verstanden, wobei $\Sigma(f)$ die Summe aller Schaufelkanal- plus Spaltquerschnitte und w_x die wirkliche Strömungsgeschwindigkeit im engsten Schaufelaustrittsquerschnitt bedeutet. Konstruktive Variationen der den Gesamtquerschnitt bildenden einzelnen Schaufelkanalquerschnitte bleiben unberücksichtigt, da sie höchstens in einer geringen Änderung der Verlustkoeffizienten zum Ausdruck kommen. Der Gesamtaustrittsquerschnitt einer Schaufelreihe ist maßgebend für die Erzeugung der verlangten Leitschaufelaustrittsgeschwindigkeit $c = \frac{G\, v}{\Sigma(f_e)}$ oder Laufschaufelaustrittsgeschwindigkeit $w = \frac{G v}{\Sigma(f_a)}$. Insofern zeigt sich, daß der Strömungsquerschnitt das nach den vorhergehenden Kapiteln als praktisch brauchbar ermittelte Gebiet in vielfacher Beziehung einschränkt.

Ein Vorbehalt ist hier für die C-Stufen und für reine D-Stufen zu machen, die wegen der Möglichkeit partieller Beaufschlagung auch in solchen Geschwindigkeitsgebieten angewandt werden können, wo R- und RR-Stufen nicht mehr brauchbar sind.

Die Einschränkung der beiden letzteren äußert sich darin, daß die Schaufeln entweder zu kurz werden und dadurch unzulässig hohe Spaltverluste bedingen, oder zu lang, wobei wegen der Dampfführung, des Unterschiedes von u innen und außen, aus konstruktiven Gründen und der Materialbeanspruchung wegen eine Grenze zu ziehen ist. Dementsprechende Richtlinien für den Spezialfall zu geben, liegt außerhalb des Rahmens dieser Arbeit.

Eine zweite Beschränkung übt der Querschnitt auf das Überdruckverhältnis aus, worauf hier näher eingegangen werden muß. Auf eine Darstellung der Schaufellängenverhältnisse für das ganze Überdruckgebiet, auf die es dabei in letzter Hinsicht ankommt, muß aber hier verzichtet werden, weil das Längenverhältnis sich nicht nur mit den Schaufelwinkeln, mit $\frac{c}{u}$ und mit ϱ ändert, sondern selbst wenn diese drei Größen konstant bleiben, mit dem Druckgebiet, in dem eine Stufe arbeitet. Es sollen deshalb nur einige Beispiele angeführt werden, um das charakteristische Verhalten der Schaufellängen einer Stufe und der drei Beschauflungsarten gegeneinander zu zeigen.

46. Schaufellängen der D-Stufen.

Wird der mittlere Schaufelkreisdurchmesser mit Φ (in Millimeter), die freie Schaufellänge mit l (in Millimeter) und die radiale Spaltbreite mit s (in Millimeter) bezeichnet, so ist der Gesamtaustrittsquerschnitt eines Leitschaufelkranzes:

$$f_e = \Phi \pi l_e \frac{b_e}{t_e}$$

und des zugehörigen Spaltes:

$$f_{es} = \pi s_e (\Phi - l_e - s_e).$$

Für Kammerturbinen kommt an Stelle von f_{es} der Zwischenstopfbuchsenquerschnitt in Betracht, dessen Lässigkeitsverlust zweckmäßigerweise gesondert berechnet wird. Der gesamte Strömungsquerschnitt wird:

$$F_e = f_e + f_{es}.$$

Der eines Laufschaufelkranzes:

$$f_a = \Phi \pi l_a \frac{b_a}{t_a},$$

des zugehörigen Spaltes

$$f_{as} = \pi s_a (\Phi + l_a + s_a)$$

und der gesamte Strömungsquerschnitt:

$$F_a = f_a + f_{as}.$$

Mit der Stundendampfmenge G gerechnet, sei die Austrittsgeschwindigkeit aus Leitschaufel samt Spalt

$$c_1 = \frac{G}{F_e} \frac{v_e}{0{,}0036}.$$

Für die Laufschaufel kommt zunächst wegen des vorausgesetzten Gleichdrucks vor und hinter der Schaufel bei geeigneter Konstruktion kein Spaltverlust in Frage. Dann ist:

$$w_2 = \frac{G}{f_a} \frac{v_e}{0{,}0036}.$$

Die verschwindende Zunahme des spezifischen Volumens, die infolge der Entropievergrößerung durch die Verlustwärme zwischen Leitschaufel- und Laufschaufelaustritt entsteht, kann vernachlässigt werden. Das Volumen wird daher für beide Querschnitte als konstant angesehen und in beiden Fällen gleich gesetzt.

Hat man durch eine der bekannten Berechnungsmethoden die Gefällsverteilung und Querschnitte durch gruppenweise Berechnung approximativ festgelegt, so läßt sich eine genauere Kontrolle der einzelnen Stufen unter Annahme einer der beiden Größen c_1 oder F_e durchführen. Wegen der beabsichtigten Vergleiche von l sei c_1 angenommen.

Nach vorstehenden Formeln ist:

$$l_e = \frac{F_e - f_{es}}{\Phi \pi \frac{b_e}{t_e}}$$

und

$$l_a = \frac{F_a - f_{as}}{\Phi \pi \frac{b_a}{t_a}}.$$

Beispielsweise angenommen, der Spaltquerschnitt f_{es} betrage $5^0/_0$ des Gesamtquerschnittes F_e, dann ergibt sich:

$$l_e = \frac{0{,}95\, G\, v_e}{0{,}0036\, \pi\, \Phi\, c_1 \frac{b_e}{t_e}}.$$

In den Laufschaufeln muß wegen $\varrho = 0$ bei geeigneter Kanalführung der gesamte Dampf den Schaufelquerschnitt f_a passieren. f_{as} ist also mit Null einzusetzen. Es wird daher

$$l_a = \frac{G\, v_e}{0{,}0036\, \pi\, \Phi\, w_2 \frac{b_a}{t_a}}$$

und das Verhältnis

$$\frac{l_e}{l_a} = \frac{0{,}95\, w_2 \frac{b_a}{t_a}}{c_1 \frac{b_e}{t_e}}.$$

Die nach dieser Formel berechneten Längenverhältnisse sind für die Schaufeln Fig. 87 bis 91 nachfolgend zusammengestellt:

47. Verhältnis der Schaufellängen von D-Stufen.

a) auf Grund der Geschwindigkeiten c_1 und w_2.

tg a	für	$\frac{c}{u}$	ist	$\frac{l_e}{l_a}$;	für	$\frac{c}{u}$	ist	$\frac{l_e}{l_a}$
30 $^0/_0$	„	1,54	„	0,891	„	4	„	0,76
40 $^0/_0$	„	1,57	„	0,895	„	4	„	0,814
52 $^0/_0$	„	1,63	„	0,899	„	4	„	0,839
70 $^0/_0$	„	1,73	„	0,900	„	4	„	0,865
100 $^0/_0$	„	1,97	„	0,915	„	4	„	0,893

Daraus geht hervor, daß für die dargestellten D-Stufen-Profile das Verhältnis $\frac{l_e}{l_a}$ in bezug auf die Konstruktion besonders für die kleineren Werte von tg α ziemlich unbequem wird.

Es ist hier die Frage aufzuwerfen, ob die Geschwindigkeiten c_1 und w_2 tatsächlich die Geschwindigkeiten sind, die den in den engsten Strömungsquerschnitten vorhandenen am nächsten kommen.

Wenn c_1 die Eintrittsgeschwindigkeit in die Laufschaufel ist, muß der Düsenkoeffizient φ offenbar nicht nur die Düsenverluste, sondern auch die Spaltverluste zwischen Düse und Laufschaufel decken. Letztere entstehen durch Wirbelung, Ejektorwirkung auf den den Dampfstrom im Spalt umgebenden ruhenden Dampf und durch Strahlablenkung von der durch den Leitschaufelaustritt beabsichtigten Richtung. Die Düsenaustrittsgeschwindigkeit ist also in Wirklichkeit größer als c_1 (Fig. 98). Wenn φ_1 lediglich den Düsen- oder Leitschaufelverlust bezeichnet, ist sie $\varphi_1 c_0$ und liegt zwischen c_0 und c_1. Nennt man den Spaltverlustkoeffizienten φ_2, so ist $c_1 = \varphi_1 \varphi_2 c_0$. Der Koeffizient φ entsteht daher aus $\varphi = \varphi_1 \cdot \varphi_2$. Da nun in der Fabrikation die Neigung vorhanden ist, die Austrittsquerschnitte gegenüber den durch die Konstruktion vorgeschriebenen eher größer zu machen als kleiner, scheint es, wie schon bei den Düsen erwähnt, richtiger zu sein, der Querschnittsberechnung die Geschwindigkeit c_0 zugrunde zu legen.

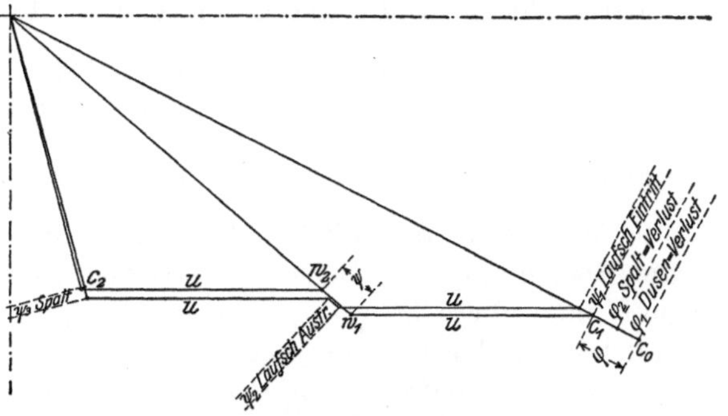

Fig. 98. Für Berechnung der Strömungsschnitte maßgebende Geschwindigkeitsgrößen.

In ähnlicher Weise kann man den Laufschaufelkoeffizienten in drei Koeffizienten ψ_1 ψ_2 ψ_3 auflösen, von denen ψ_1 die Verluste der Dampfeintrittskomponente, ψ_2 die der Austrittskomponente und ψ_3 die des Spaltes hinter der Laufschaufel repräsentiert. ψ_1 und ψ_2 enthalten auch die früher erwähnten Kompressionsverluste. Hiernach würde die hinter dem Koeffizienten ψ_2 sich ergebende wirkliche Laufschaufelaustrittsgeschwindigkeit mehr in der Nähe von w_2 liegen. Für die Laufschaufel ist es demnach vorzuziehen, der Querschnittsberechnung bei D-Stufen $w_2 = \psi w_1$ zugrunde zu legen. Das früher angegebene Schaufellängenverhältnis wird dadurch für Druckturbinen allerdings ungünstiger, entsprechend der nachfolgenden Tabelle.

b) auf Grund der Geschwindigkeiten c_0 und w_2.

$\operatorname{tg}\alpha$	für $\frac{c}{u}$	ist c_0	und $\frac{l_e}{l_a}$;	für $\frac{c}{u}$	ist c_0	und $\frac{l_e}{l_a}$
30 %	„ 1,54	„ 147,8	0,8440	„ 4	„ 159,0	0,6690
40 %	„ 1,57	„ 147,9	0,8415	„ 4	„ 156,1	0,7305
52 %	„ 1,63	„ 148,0	0,8510	„ 4	„ 153,8	0,7640
70 %	„ 1,73	„ 148,0	0,8515	„ 4	„ 151,8	0,7980
100 %	„ 1,97	„ 148,1	0,8650	„ 4	„ 150,0	0,8340

Die Zahlen zeigen mehr noch als die erste Tabelle, daß für die, unter der Voraussetzung einander gleicher Laufschaufel-, Ein- und Austrittswinkel entworfenen Schaufelformen die Laufschaufelaustrittslänge durchweg wesentlich größer werden muß, als die Leitschaufelaustrittslänge. Das läßt sich durchführen bei Turbinen mit geringer Stufenzahl und kleiner Schaufellänge. Wo es konstruktiv nicht möglich ist, muß man das Verhältnis $\frac{b_a}{t_a}$ durch Öffnen, d. h. Vergrößern des Laufschaufelaustrittswinkels, vergrößern, wenn man nicht einen andernfalls entstehenden geringen Überdruck zulassen darf. Ein anderes Mittel ist die Reduktion von $\frac{b_e}{t_e}$ durch Verstärken der Leitschaufelaustrittskante. Tritt ein Laufschaufelüberdruck ein, so ist zu beachten, daß sich dann auch im Laufschaufelradialspalt eine Dampfströmung im Verhältnis $\sqrt{\frac{h_a}{h_e}}$ einstellt.

Will man der Wirklichkeit noch näher kommende Werte für die Berechnung der Schaufelaustrittsgeschwindigkeiten einführen, so muß man diese $\varphi_1 c_0$, $\psi_1 w_1$ resp. $\psi_1 w_0$ setzen. Darauf ist bei der Aufstellung der Tabelle, Abschn. 57, Rücksicht genommen, und zwar ist dort der Koeffizient $\varphi_1 = \psi_1 = 0{,}98$ gesetzt. Mit derartigen Querschnittskoeffizienten ist zu rechnen, sobald ϱ nennenswerte Größen annimmt.

48. Verhältnis der Schaufellängen der RR-Stufen.

Für das gesamte Überdruckgebiet gelten die gleichen Beziehungen wie für D-Stufen, nur sind in Anbetracht dessen, daß der Dampfzustand am Laufschaufelaustritt ein anderer ist als am Leitschaufelaustritt, die bezüglichen Dampfvolumina v_e und v_a einzuführen und die Spaltgrößen sowohl der Leit- als auch der Laufschaufeln zu berücksichtigen. Da sich die Gesamtexpansion entsprechend der relativen Austrittsgeschwindigkeit bis zum Laufschaufelaustritt vollziehen muß, wird für dessen Querschnittsbestimmung der Wert w_0 zugrunde gelegt, analog c_0 bei der C-Stufe. Dementsprechend für die Leitschaufel $c_1 = \varphi c_2$.

Es wird also in diesem Fall:

$$F_e = \frac{G}{0{,}0036} \frac{v_e}{c_1}$$

und

$$F_a = \frac{G}{0{,}0036} \frac{v_a}{w_0}.$$

Es ergibt sich, wenn analog der D-Stufe für die Querschnittsberechnung c_1 resp. w_0 eingeführt wird, die Leitschaufellänge nach Einsetzen von $f_e = \Phi \pi l_e \frac{b_e}{t_e}$

$$l_e = \frac{\frac{G}{0{,}0036} \frac{v_e}{c_1} - f_{es}}{\pi \Phi \frac{b_e}{t_e}}$$

und analog die Laufschaufellänge:

$$l_a = \frac{\frac{G}{0{,}0036} \frac{v_a}{w_0} - f_{as}}{\pi \Phi \frac{b_a}{t_a}}.$$

Angenommen, der Spalt f_{es} betrage $5\,\%$ von F_e und $f_{as} = 6\,\%$ von F_a, dann gehen die beiden Formeln über in:

$$l_e = \frac{0{,}95\, G v_e}{0{,}0036\, \pi \Phi c_1 \frac{b_e}{t_e}}$$

und

$$l_a = \frac{0{,}94\, G v_a}{0{,}0036\, \pi \Phi w_0 \frac{b_a}{t_a}}.$$

Das Verhältnis beider wird:

$$\frac{l_e}{l_a} = \frac{0{,}95}{0{,}94} \frac{v_e}{v_a} \frac{w_0}{c_1} \frac{b_a}{t_a} \frac{t_e}{b_e}.$$

Da eine Gesamtübersicht über das Schaufellängenverhältnis der RR-Stufen wegen der gegenüber den D-Stufen hinzukommenden Variablen zu umfangreich sein würde, soll es, um einen Einblick zu gestatten, wenigstens für einen Spezialfall und für die 3 Neigungen $\operatorname{tg} \beta = 30, 40$ und $52\,\%$, für die in den Fig. 87 bis 89 die RR-Beschaufungen dargestellt sind, berechnet werden. Es wird angenommen, daß ein zu c_1 gehöriger konstanter Anfangszustand mit $p_1 = 10$ atm. abs. und $x = 1$, also $v_e = 0{,}1993$, vorliegt. Ferner werden aus den Wirkungsgradberechnungen für die 3 Winkel das $\frac{c}{u}$ des maximalen Wirkungsgrades, $\frac{c}{u} = 4$, ein Wert, der in der Nähe von $\frac{c}{u} = 2$ und ein vierter, der in der Nähe von $\frac{c}{u} = 3$ liegt, angenommen. Unter diesen Voraussetzungen berechnen sich die in den nachstehenden 3 Tabellen angegebenen Längenverhältnisse:

Austrittsneigung der Laufschaufeln 30°/₀.

h WE	$\frac{l_e}{l_a}$ für $\frac{c}{u} = 1{,}54$	$\frac{l_e}{l_a}$ für $\frac{c}{u} = 2{,}06$	$\frac{l_e}{l_a}$ für $\frac{c}{u} = 2{,}98$	$\frac{l_e}{l_a}$ für $\frac{c}{u} = 4$
2,0	1,096	1,1580	1,2920	1,382
4,0	1,056	1,1160	1,2460	1,332
6,0	1,017	1,0730	1,1990	1,282
8,0	0,980	1,0330	1,1530	1,234
10,0	0,944	0,9960	1,1110	1,189
12,0	0,909	0,9610	1,0710	1,146
16,0	0,842	0,8890	0,9925	1,061
20,0	0,777	0,8210	0,9160	0,981
26,1	0,690	0,7285	0,8130	0,870

Austrittsneigung der Laufschaufeln 40°/₀.

h WE	$\frac{l_e}{l_a}$ für $\frac{c}{u} = 1{,}57$	$\frac{l_e}{l_a}$ für $\frac{c}{u} = 2{,}0$	$\frac{l_e}{l_a}$ für $\frac{c}{u} = 2{,}88$	$\frac{l_e}{l_a}$ für $\frac{c}{u} = 4$
2,0	1,0910	1,1330	1,219	1,286
4,0	1,0520	1,0920	1,175	1,240
6,0	1,0120	1,0510	1,131	1,193
8,0	0,9745	1,0110	1,088	1,148
10,0	0,9390	0,9755	1,048	1,106
12,0	0,9055	0,9400	1,010	1,066
16,0	0,8380	0,8700	0,936	0,987
20,0	0,7740	0,8030	0,864	0,911
26,1	0,6860	0,7130	0,767	0,809

Austrittsneigung der Laufschaufeln 52°/₀.

h WE	$\frac{l_e}{l_a}$ für $\frac{c}{u} = 1{,}63$	$\frac{l_e}{l_a}$ für $\frac{c}{u} = 2{,}28$	$\frac{l_e}{l_a}$ für $\frac{c}{u} = 3{,}4$	$\frac{l_e}{l_a}$ für $\frac{c}{u} = 4$
2,0	1,0870	1,129	1,1880	1,2100
4,0	1,0480	1,089	1,1460	1,1670
6,0	1,0080	1,048	1,1020	1,1220
8,0	0,9710	1,007	1,0610	1,0800
10,0	0,9355	0,971	1,0220	1,0410
12,0	0,9020	0,936	0,9860	1,0030
16,0	0,8350	0,867	0,9130	0,9295
20,0	0,7710	0,800	0,8420	0,8580
26,1	0,6840	0,710	0,7475	0,7615

Die Tabellen zeigen, daß das Längenverhältnis für die angenommenen Schaufeln überall in der Nähe von 1 liegt. Durch Änderung der Profildimensionen kann man es, ebenso wie bei den D-Stufen, nach Belieben ändern. Kommt man in niedrigere Druckgebiete, dann werden die Verhältniszahlen, weil das spezifische Volumen, über dem Gefälle aufgetragen, schneller wächst, stetig kleinere Werte annehmen. Es wird also noch leichter als im Hochdruckgebiet möglich sein, reine Überdruckwirkung zu erzielen.

49. Überdruckverhältnis bei gleichen Leit- und Laufschaufellängen.

Die allgemein Reaktionsturbine genannte Parsonsturbine wird, mit Rücksicht auf billige Herstellung, in jeder Stufe mit einander gleichen Leit- und Laufprofilen und gleichen freien Schaufellängen ausgeführt. Unter diesen Umständen, und wenn man außerdem noch $f_{es} = f_{as}$ macht, geht die Formel für $\frac{l_e}{l_a}$ über in:

$$\frac{l_e}{l_a} = \frac{v_e}{v_a} \cdot \frac{w_0}{c_1} = 1 .$$

Damit ergibt sich, daß die gewöhnlich gemachte Annahme $c_0 = w_0$ (s. Fig. 99) für eine solche Beschauflung nicht zutrifft.

Setzt man nämlich:

$$F_e = F_a = \frac{v_e}{c_0} = \frac{v_a}{w_0},$$

dann wird:

$$\frac{c_0}{w_0} = \frac{v_e}{v_a}.$$

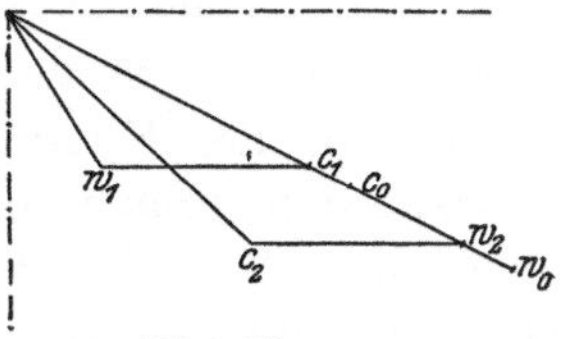

Fig. 99.

Nun ist v_a unter allen Umständen größer als v_e (das Verhältnis $\frac{v_a}{v_e}$ wächst mit abnehmendem p). Eine Beschauflung der erwähnten Art arbeitet daher immer mit einem größeren Überdruckverhältnis als $\varrho = 0{,}5$.

Das zugehörige Geschwindigkeitsschema zeigt seiner allgemeinen Anordnung nach die Fig. 99. Die Eintrittsgeschwindigkeit c_e aus der vorhergehenden Stufe ist kleiner als die Austrittsgeschwindigkeit der betrachteten Stufe. Das Überdruckverhältnis wird demnach:

$$\varrho = \frac{w_0^2 - w_1^2}{c_0^2 - c_e^2 + w_0^2 - w_1^2}.$$

Nach den in Fig. 99 gezeichneten Dimensionen kommt ϱ bereits dem Wert 1 nahe, den es erreicht, wenn $c_0 = c_e$, d. h.:

$$\varrho = \frac{w_0^2 - w_1^2}{w_0^2 - w_1^2} = 1.$$

Damit wäre durch Fig. 99 eine weitere Form der RR-Stufe gekennzeichnet, die allerdings voraussetzt, daß $\frac{l_e}{l_a}$ den Wert 1 bedeutend übersteigt.

50. Hilfsformel für die Ermittelung der Partialdrücke und Querschnitte.

Mit Partialdruck wird jeder, durch die Expansion in den aufeinanderfolgenden Leit- und Laufkanalaustrittsquerschnitten sich ergebende Druckzustand bezeichnet.

Bei den D- und RR-Stufen ist die Ermittelung der Partialdrücke ziemlich einfach, da hierfür nur die Leitschaufeln resp. Düsen bei den RR-Stufen die Laufschaufeln bestimmend sind.

Beim Entwurf einer Beschauflung, die nicht ohne Laufschaufelüberdruck ausgeführt werden kann oder soll, wird entweder das Querschnittsverhältnis von Leitschaufel- und Leitschaufelkanal angenommen und es entsteht die Frage, welcher partielle Druckabfall stellt sich in beiden ein? Oder das Druck- resp. Gefällsverhältnis ist gegeben und es sind die Querschnitte zu ermitteln.

Da in der Kontinuitätsgleichung $Gv = Fc$ bei Annahme einer Unbekannten immer noch zwei vorhanden sind, ist es erwünscht, einen einfachen Weg zur Bestimmung von zwei dieser Unbekannten oder wenigstens ihres Verhältnisses zu finden. Hierzu bietet sich ein Mittel durch die im folgenden Abschnitt erläuterte angenäherte Berechnung der spezifischen Durchströmmenge $\frac{G}{F}$. Die in Abschn. 51 aufgestellten Formeln genügen für den vorliegenden Zweck zur Ermittelung des partiellen Druckabfalls $p_1 - p_2$, wenn die Schaufellängen resp. Strömungsquerschnitte gegeben sind.

Mit Hilfe der Formeln ist man in der Lage, für jede Stufe die Querschnitte resp. l_e und l_a zu berechnen, wenn der Druckabfall $p_1 - p_2$ für Leit- und Laufschaufel oder das Überdruckverhältnis der Stufe durch $\frac{h_a}{h}$ gegeben ist.

51. Angenäherte Berechnung der spezifischen Durchflußmenge $\frac{G}{F}$.

Die bekannte Formel der durch die Querschnittseinheit strömenden Dampfmenge

$$\frac{G}{F}=\sqrt{2g\frac{\varkappa}{\varkappa-1}\frac{p_1}{v_1}\left[\left(\frac{p_2}{p_1}\right)^{\frac{2}{\varkappa}}-\left(\frac{p_2}{p_1}\right)^{\frac{\varkappa+1}{\varkappa}}\right]}$$

ist von gleichem Aufbau, wie die Scheitelgleichung der Ellipse:

$$y=\sqrt{b^2\left[2\frac{x}{a}-\left(\frac{x}{a}\right)^2\right]}.$$

Die graphische Kontrolle ergibt, daß die Dampfmenge $\frac{G}{F}$ nach den Mollierschen Tafeln herechnet, als Funktion des Druckes aufgetragen, Kurven von sehr guter Annäherung an die elliptische Form bildet. Die Druckdifferenz zwischen p_1 und dem kritischen Druck p_k bildet die Abszissenhalbachse und die maximal durch die Querschnittseinheit strömende Dampfmenge $\frac{G_m}{F}$ die Ordinatenhalbachse der Ellipse (s. Fig. 100).

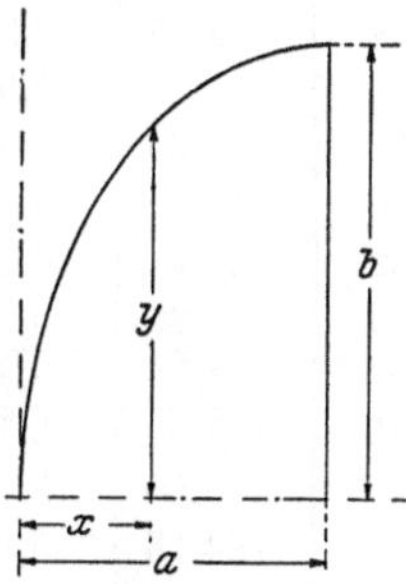

Nach Einsetzen von:

$a=p_1-p_k$ in kg/cm²

$b=\frac{G_m}{F}$ in kg/mm²/st

$x=p_1-p_2$ in kg/cm²

und $y=\frac{G}{F}$ in kg/mm²/st

wird allgemein:

Fig. 100.

$$p_1-p_2=p_1-p_k-\frac{F}{G_m}(p_1-p_k)\sqrt{\left(\frac{G_m}{F}\right)^2-\left(\frac{G}{F}\right)^2}$$

$$=p_1-p_k\left(1-\sqrt{1-\left(\frac{G}{F}\right)^2\left(\frac{F}{G_m}\right)^2}\right) \text{ in kg/cm}^2,$$

oder

$$\frac{G}{F}=\frac{G_m}{F}\frac{p_1-p_2}{p_1-p_k}\sqrt{2\frac{p_1-p_k}{p_1-p_2}-1} \quad \text{in kg/mm}^2\text{/st},$$

woraus je nachdem, ob das Wärmegefälle und damit aus der Entropietafel der Druckabfall oder der Durchströmquerschnitt gegeben ist, die anderen Größen berechnet werden können.

Auf kg/m²/sk bezogen ist der Quotient $\frac{G}{F}$ mit $\frac{10^6}{3600}$ zu multiplizieren, also

$$\frac{G_{sk}}{F} \text{ in kg/m}^2\text{/sk} = 278 \frac{G_{st}}{F} \text{ in kg/mm}^2\text{/st.}$$

Werte von $\frac{G}{F}$ für den Anfangszustand:

$p_1 = 10$ kg/cm²abs., $x = 1$, $v_1 = 0{,}1993$ m³/kg.

h	c	p_2	x_2	v_{2s}	v_{2x}	γ_2	$\frac{G_{st}}{F} = 0{,}0036 \frac{c}{v_{2x}}$
WE	m/sk	kg/cm²abs.		m³/kg	m³/kg	kg/m³	kg/mm²/st
1	91,50	9,788	0,9985	0,2032	0,2030	4,925	1,622
2	129,38	9,580	0,9970	0,2074	0,2069	4,835	2,250
3	158,49	9,380	0,9955	0,2113	0,2105	4,750	2,708
4	183,00	9,180	0,9940	0,2156	0,2146	4,660	3,070
5	204,60	8,980	0,9923	0,2203	0,2187	4,565	3,367
6	224,20	8,795	0,9909	0,2249	0,2205	4,490	3,627
8	258,80	8,420	0,9880	0,2343	0,2312	4,325	4,030
10	289,35	8,060	0,9848	0,2442	0,2402	4,160	4,337
12	316,96	7,720	0,9818	0,2543	0,2497	4,005	4,565
14	342,36	7,390	0,9790	0,2648	0,2595	3,852	4,750
16	366,00	7,060	0,9760	0,2762	0,2698	3,707	4,885
18	388,20	6,755	0,9732	0,2832	0,2806	3,565	4,980
20	409,20	6,460	0,9702	0,3003	0,2914	3,430	5,055
22	429,17	6,170	0,9673	0,3135	0,3033	3,295	5,095
24	448,26	5,900	0,9645	0,3274	0,3156	3,168	5,110
24,7	454,75	5,800	0,9634	0,3327	0,3205	3,110	5,110 [1]
25	457,50	5,770	0,9632	0,3344	0,3221	3,105	5,110
26	466,56	5,630	0,9617	0,3418	0,3290	3,040	5,105
28	484,16	5,370	0,9588	0,3572	0,3430	2,916	5,081
30	501,16	5,120	0,9560	0,3735	0,3572	2,802	5,050
40	578,70	4,050	0,9424	0,4652	0,4388	2,280	4,745
50	647,00	3,170	0,9295	0,5850	0,5440	1,838	4,280
60	708,76	2,470	0,9168	0,7410	0,6800	1,471	3,755
80	818,37	1,460	0,8923	1,2080	1,0770	0,930	2,735
100	915,00	0,833	0,8691	2,0470	1,7800	0,562	1,830

Um einige Beispiele für die Annäherung der Werte der Ellipsenformel an die nach den Dampftabellen auf Grund der Kontinuitätsbedingung berechneten idealen Werte der spezifischen Durchflußmenge $\frac{G}{F}$ zu geben, sind die letzteren Werte in den zwei Tabellen auf

[1]) Kritischer Zustand.

S. 114 und 115 für den Anfangszustand $p_1 = 10$ kg/cm² abs., die erste bei $x = 1$, also $t = 178{,}9^0$, die zweite bei 300^0 Anfangstemperatur berechnet. Die Tabelle S. 114 wird teilweise ergänzt durch diejenige S. 18, wobei zu berücksichtigen ist, daß auf S. 18 mit $G_{sk} = 10$ kg, auf S. 114 mit $G_{st} = 10$ kg gerechnet wurde.

Werte von $\frac{G}{F}$ für den Anfangszustand:

$p_1 = 10$ kg/cm²abs., $t = 300^0$ C, $v_1 = 0{,}2625$ m³/kg.

h	c	p_2	t_2	i_2	v_2	$\frac{G_{st}}{F} = 0{,}0036\,\frac{c}{v_2}$
WE	m/sk	kg/cm²abs.	°C	WE	m³/kg	kg/mm²/st
1	91,50	9,84	297,8	729,2	0,2658	1,238
2	129,38	9,69	295,6	728,2	0,2685	1,736
3	158,49	9,53	293,5	727,2	0,2718	2,097
4	183,00	9,38	291,3	726,2	0,2754	2,390
5	204,60	9,22	289,3	725,2	0,2793	2,637
6	224,20	9,06	287,0	724,2	0,2829	2,853
8	258,80	8,77	282,5	722,2	0,2900	3,215
10	289,35	8,47	278,4	720,2	0,2975	3,498
12	316,96	8,20	274,0	718,2	0,3050	3,739
14	342,36	7,93	269,8	716,2	0,3152	3,937
16	366,00	7,67	265,1	714,2	0,3220	4,095
18	388,20	7,42	260,8	712,2	0,3307	4,220
20	409,20	7,15	256,3	710,2	0,3400	4,335
22	429,17	6,89	252,1	708,2	0,3490	4,425
24	448,26	6,65	247,8	706,2	0,3590	4,490
25	457,50	6,52	245,5	705,2	0,3645	4,525
26	466,56	6,41	243,4	704,2	0,3695	4,550
28	484,16	6,18	239,1	702,2	0,3800	4,590
30	501,16	5,95	235,0	700,2	0,3910	4,615
32	517,61	5,73	230,5	698,2	0,4022	4,630
34,5	537,47	5,48	226,0	695,7	0,4170	4,640 [1]
40	578,70	4,93	213,4	690,2	0,4520	4,610
50	647,00	4,05	192,0	680,2	0,5250	4,440
60	708,76	3,29	170,0	670,2	0,6180	4,130
80	818,37	2,12	125,8	660,2	0,8600	3,425
83	833,60	1,98	119,3	657,2	0,9150	3,280

Wenn man die Maßstäbe der $\frac{G}{F}$-Kurven so einrichtet, daß die den Ellipsenhalbachsen entsprechenden Werte $p_1 - p_k$ und $\frac{G_m}{F}$ gleiche

[1]) Kritischer Zustand.

Strecken ergeben, dann geht die Ellipsenform der Kurve in die Kreisform über. Da der Kreis sich einfacher zeichnen und kontrollieren läßt als die Ellipse, wurde ein solcher Maßstab benutzt,

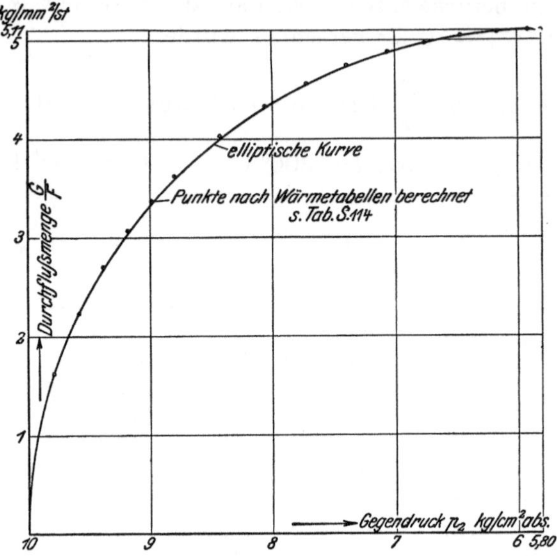

Fig. 101. Kurve der spezifischen Durchflußmenge für den Anfangszustand $p_1 = 10$ kg/cm² abs., $x = 1$.

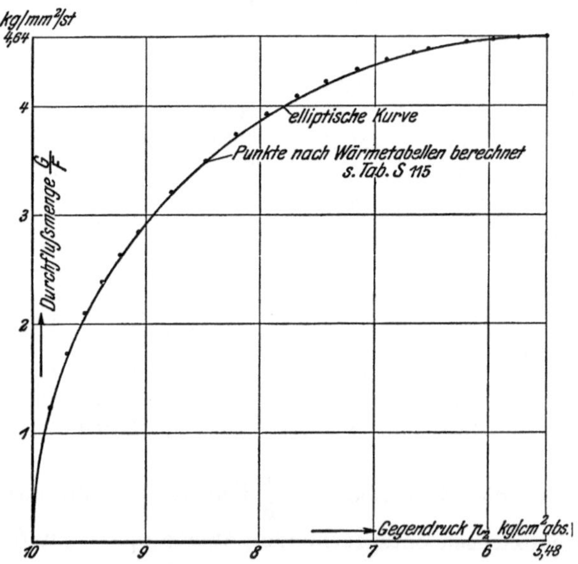

Fig. 102. Kurve der spezifischen Durchflußmenge für den Anfangszustand. $p_1 = 10$ kg/cm² abs., $t = 300^0$ C.

um die $\frac{G}{F}$-Werte der beiden Tabellen und die der Ellipsenformel entsprechenden Kreislinien in den Figuren 101/2 in Vergleich zu bringen. Diese zeigen in beiden Fällen eine sehr gute Annäherung, so daß die Ellipsenformel zum mindesten für technische Rechnungen sehr brauchbar erscheint. Für die Erleichterung der Rechnung mit diesen Formeln ist es allerdings erwünscht, Kurventafeln der Werte $\frac{G_m}{F}$ und $p_1 - p_k$ zu benutzen.

52. Vergleich der wirklichen Dampfgeschwindigkeiten bei D-, R- und RR-Stufen.

Die Beziehungen zwischen den Dampfgeschwindigkeiten der drei Beschauflungsarten ändern sich unter Berücksichtigung der Verluste mehr oder weniger gegenüber den bei der verlustfreien Turbine besprochenen.

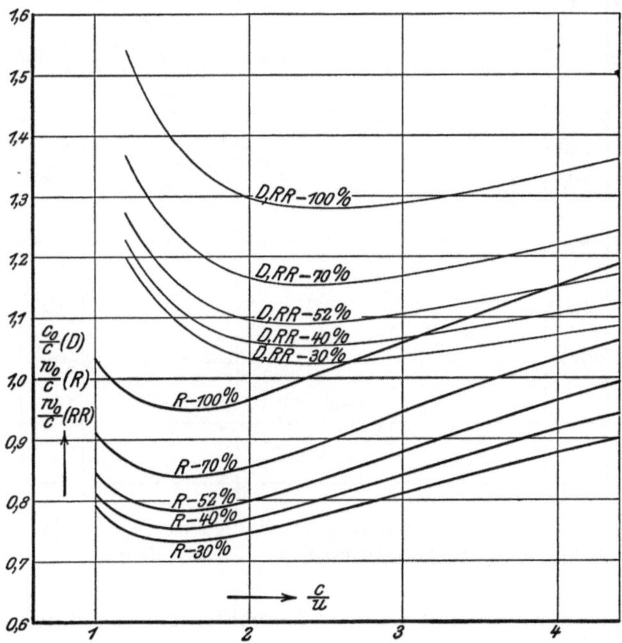

Fig. 103. Verhältnis der größten in einer Stufe auftretenden Geschwindigkeit zur Geschwindigkeit c des Stufengefälles.

In der Hauptsache kommen, wie dort, in Betracht die Größe der Austrittsgeschwindigkeit, sowie die größte innerhalb einer Stufe auftretende Geschwindigkeit, das ist c_0 in D-Stufen und w_0 in R- und RR-Stufen. Für die praktische Turbinenberechnung hat die mathematische Ableitung dieser Beziehungen wenig Wert. Es kommt lediglich darauf an, eine Übersicht über das grundsätzliche Verhalten der Werte zu gewinnen. In Fig. 103 ist zu dem Zweck eine kurvenförmige Übersicht über die Verhältnisse $\frac{c_0}{c}$ und $\frac{w_0}{c}$ auf der Basis von $\frac{c}{u}$ gegeben.

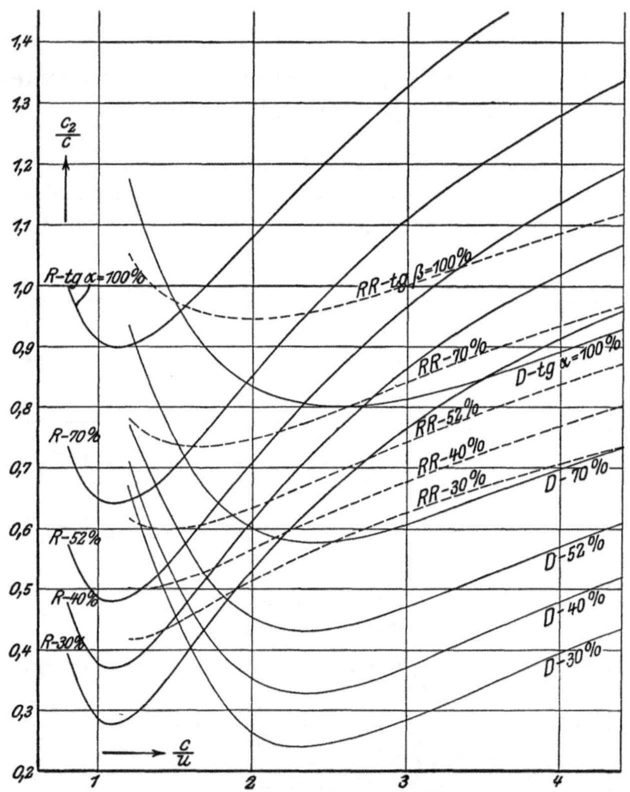

Fig. 104. Verhältnis der Austrittsgeschwindigkeiten c_2 von D-, R- und RR-Stufen zur Geschwindigkeit c des Stufengefälles.

Die Kurvenwerte sind aus den Berechnungen der Kurven Fig. 76 und 77 abgeleitet, indem h resp. $c =$ konst. eingesetzt wurde. Aus den Kurven folgt, daß bei D- und RR-Stufen die größte Geschwindigkeitskomponente den Geschwindigkeitswert des Zusatzgefälles durchweg übersteigt, während sie bei den R-Stufen mit teilweiser Ausnahme der größeren Winkel niedriger ist als c. Das würde bedeuten, daß, soweit die Verluste mit zunehmender Strömungsgeschwindigkeit wachsen, die R-Stufe gegenüber den anderen im Vorteil ist.

Für die RR-Stufe ist dabei als Vorzug zu beachten, daß das Verhältnis $\frac{w_0}{c}$ nur innerhalb des Laufschaufelaustrittsquerschnitts besteht und für den nachfolgenden Spalt nur das in Fig. 104 angegebene wesentlich kleinere Verhältnis $\frac{c_2}{c}$ besteht, während bei der D-Stufe $\frac{c_0}{c}$ auch für den der Leitschaufel folgenden Spalt bestehen bleibt.

Fig. 104 gibt eine Übersicht über $\frac{c_2}{c}$ gleichfalls als Funktion von $\frac{c}{u}$ aufgetragen und analog den vorhergehenden Kurven ermittelt. Diese Kurvenschar lehrt, daß im allgemeinen die D-Stufe den kleinsten Austrittsverlust ergibt.

Die R-Stufe ist ihr nur in dem praktisch kaum erreichbaren Gebiet ihrer höchsten Wirkungsgrade in der Nähe von $\frac{c}{u} = 1$ überlegen. Ihr Austrittsverlust steigt aber mit wachsendem Winkel einerseits, und bei Zunahme von $\frac{c}{u}$ andererseits sehr schnell, so daß selbst bei der 30prozentigen Schaufel in dem dargestellten Gebiet c_2 fast den Wert c erreicht, was bei der D-Stufe erst mit $\operatorname{tg} \alpha = 100\,\%$ eintritt. Der für $\frac{w_0}{c}$ sich etwa ergebende Vorteil wird daher durch das Verhalten von $\frac{c_2}{c}$ reichlich aufgehoben.

Für die RR-Stufe ergibt sich die Beziehung $\frac{c_2}{c}$ über den ganzen Bereich ungefähr als Mittel der Werte der beiden anderen Stufenarten.

53. Vergleich der Schaufellängen von D-, R- und RR-Stufen.

Wie erwähnt, ist c_0 die größte in der D-Stufe vorkommende Geschwindigkeit und w_0 die größte der R- und RR-Stufe, und die zugehörigen spezifischen Volumen sind angenähert die maximal in einer Stufe entstehenden. Sie sind also auf dasselbe h und gleichen Stufendruck bezogen für alle Beschauflungen annähernd gleich. Auf gleiche Schaufelaustrittswinkel und gleiches $\frac{b}{t}$ bezogen, stehen daher die Querschnitte, also auch die Schaufellängen, zueinander im reziproken Verhältnis der Kurvenwerte Fig. 103. Die Länge der D-Leitschaufel resp. RR-Laufschaufel sei gleich 1 gesetzt, dann ergeben sich als l_a-Längen der R-Stufen für die 5 Austrittsneigungen 30, 40, 52, 70 und 100%, die durch die Kurven Fig. 105 dargestellten Werte. Diese liegen durchweg wesentlich höher als 1, und zwar um so mehr, je kleiner $\frac{c}{u}$, je besser also η_i.

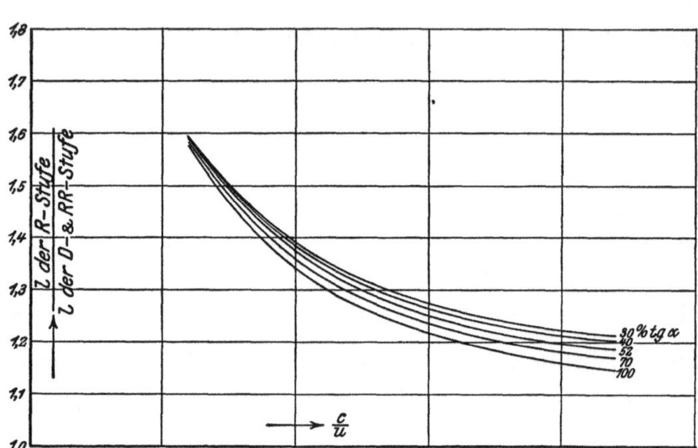

Fig. 105. Schaufellängenverhältnis von D-, RR- und R-Stufen.

Berücksichtigt man bei der D-Stufe, daß, wie Tabelle Seite 107 ergibt, die Laufschaufeln eine größere Länge als die Leitschaufeln verlangen, dann hebt sich das durch Fig. 100 dargestellte Längenverhältnis um so mehr auf, d. h. es nähert sich dem Wert 1 um so mehr je größer $\frac{c}{u}$ wird.

Für die RR-Stufe bleibt dagegen das durch Fig. 105 dargestellte Verhältnis bestehen, soweit ihr Verhältnis $\frac{l_e}{l_a}$ in der Nähe von 1 liegt.

54. Bewertung der RR-Beschauflung.

Somit ergibt sich als wichtigste Schlußfolgerung, daß die reine Überdruckturbine nicht nur denen mit geringerem Überdruck gleichwertig ist, sondern in mancher Beziehung überlegen sein dürfte. Außerdem scheint sie auch die beste Lösung für den Axialkompressor zu bieten, da sie die vorteilhafte Eigenschaft hat, die der Strömung zu erteilende mechanische Energie nicht erst in Strömungsenergie und diese in Druck zu verwandeln. Die Druckwandlung wird vielmehr durch Änderung der Relativgeschwindigkeit in dem Laufkanal direkt vollzogen. Mit Rücksicht auf möglichst günstige Umlenkungswinkel dürfte aber nicht das den RR-Stufen zugrunde gelegte Geschwindigkeitsschema das vorteilhafteste sein, sondern das durch

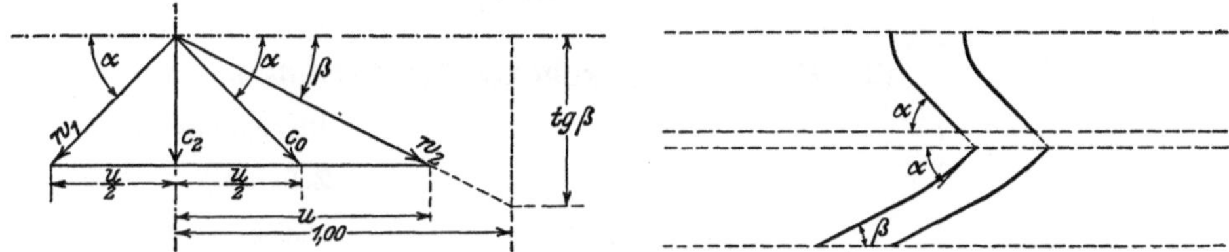

Fig. 106 und 107. RR-Geschwindigkeits- und Schaufelschema mit axialer Ausströmrichtung.

Fig. 106 auf die Turbine bezogen dargestellte, das ein Schaufelschema nach Fig. 107 liefert. Dessen Überdruckverhältnis ist zwar wegen $c_0 > c_2$ etwas kleiner als $\varrho = 1$, jedoch kann diese Abweichung der Beschauflung nicht das Charakteristikum der reinen Überdruckbeschauflung nehmen.

Anhang.

55. Berechnungsschema für C-Stufen.

Berechnung Nr.

Zchg. Nr.

Turbine Nr. Datum

Berechnung der C-Stufen.

Totale Dampfmenge . . .	$G =$	kg/st
Effektive Turbinenleistung	$N_e =$	PS
Tourenzahl	$n =$	U. p. Min.

Stufe Nr.		
Anzahl Laufkränze pro Stufe		
Mittlerer Düsenkreisdurchmesser . .	Φ	mm
Mittlere Umfangsgeschwindigkeit . .	u	m/sk
Druck vor der Stufe	p_1	at. abs.
Temperatur vor der Stufe	t_1	^{0}C
Spez. Dampfmenge vor der Stufe . .	x_1	
Druck in der Stufe	p_2	at. abs.
Düsenneigung	$\operatorname{tg}\alpha$	$^0/_0$
Beschauflung Nr.		
Ideale Austrittsgeschwindigkeit . . .	c_0	m/sk $= 91{,}5\sqrt{h}$
	$\frac{c_0}{u}$	
Wirkungsgrad am Radumf. (berech., n. Kurve)	η_i	$^0/_0$
Wärmeinhalt des Dampfes vor d. Stufe	i_1	WE
Wärmeinhalt bei adiab. Exp. am Düsenaustritt	i_2'	WE
Stufengefälle	h	WE $= i_1 - i_2'$
Nutzb. Stufengefälle	h_i	WE $= \eta_i \cdot h$
	Σh_i	WE

Stopfbuchsen			
	Stufe Nr.		
	Radialspalt-Durchmesser	Φ_s	mm
	Radialspalt-Breite	s	mm
	Radialspalt-Querschnitt	F_{st}	$\text{mm}^2 = \Phi . \pi . s . \mu$ (μ Drosselkoeffizient je nach Konstruktion)
	Druck vor der Stopfbuchse . . .	p_1	at. abs.
	Kritischer Druck zu p_1	p_k	at. abs.
	Druck hinter der Stopfbuchse . .	p_2	at. abs.
	Spez. Volumen in F_{st} . . v_{kx} resp.	v_{kt}	m^3/kg
	Kritisches Gefälle zu p_1	h_k	WE
	Adiab. Gefälle zu $p_1 - p_2$	h	WE
	Spez. Volumen zu p_2	v_2'	m^3/kg
	Kritische Geschwindigkeit zu h_k .	c_k	m/sk
	Ideale Austrittsgeschwindigkeit zu h	c_0	m/sk
	Dampfverlust durch die Außen-Stopfbuchsen	G_a	$\text{kg/st} = \frac{F_{st}}{0{,}0036} . \frac{c_k}{v_k}$ resp. $\frac{F_{st}}{0{,}0036} . \frac{c_0}{v_2'}$
	Dampfverlust durch die Zwischen-Stopfbuchsen	G_z	kg/st
Gesamt-Stopfbuchsenverlust pro Stufe		G_{st}	$\text{kg/st} = G_a + G_z$
Nutzbare Dampfmenge		G_n	$\text{kg/st} = G - (G_a + G_z)$
Ideale Stufenleistung am Radumf. .		N_i'	$\text{PS} = \frac{G \cdot h_i}{632{,}3}$
Gesamtleistung $\Sigma N_i'$		N_{ic}'	PS
Wirkl. Stufenleistung am Radumf. . .		N_i	$\text{PS} = \frac{G_n \cdot h_i}{632{,}3}$
Stopfbuchsenverlust pro Stufe . . .		N_{st}	$\text{PS} = N_i' - N_i$
Gesamtleistung ΣN_i		N_{ic}	PS

56. Berechnungsschema für Düsen.

Berechnung Nr. ..

Zchg. Nr. . . ..

Turbine Nr. Datum

Düsenberechnung.

Totale Dampfmenge . .	$G =$	kg/st
Effektive Turbinenleistung	$N_e =$	PS
Tourenzahl	$n =$	U. p. Min.

Stufe Nr.		
Mittl. Düsenkreisdurchm.	Φ	mm

Mittl. DK-Umfang	U	mm $= \Phi \cdot \pi$
Druck vor der Düse	p_1	at. abs.
Druck hinter der Düse	p_2	at. abs.
Kritischer Druck zu p_1	p_k	at. abs.
Spez. Volumen bei p_k für $x = 1$	v_{ks}	m^3/kg
Spez. Dampfmenge bei p_k . . .	x_k	
Dampftemperatur bei p_k	t	^0C
Spez. Volumen bei p_k	v_{kt}	m^3/kg
Spez. Volumen bei p_2 für $x = 1$	$v_2{}'_s$	m^3/kg
Spez. Dampfmenge bei p_2 . . .	$x_2{}'$	
Dampftemperatur bei p_2	t	^0C
Spez. Volumen bei p_2 .	$v_2{}'_x$ resp. $v_2{}'_t$	m^3/kg
Kritisches Gefälle der Düse . .	h_k	WE
Adiabat. Gesamtgefälle der Düse	h	WE $= i_1 - i_2{}'$
Kritische Geschwindigkeit . . .	c_k	m/sk $= 91{,}5\sqrt{h_k}$
Ideale Austrittsgeschwindigkeit .	c_0	m/sk $= 91{,}5\sqrt{h}$
Kritische Geschw. abz. Düsen-Verlust	$\varphi_1 \cdot c_k$	m/sk; $\varphi_1 = 1$ bis 0,98
Austritts-Geschw. abz. Düsen-Verlust	$\varphi_1 \cdot c_0$	m/sk; $\varphi_1 = 0{,}98$ bis 0,95
Nutzbare Dampfmenge	G_n	kg/st $= G - (G_a + G_z)$
Gesamte Düsenfläche bei p_k . .	F_k'	$mm^2 = \dfrac{G_n \cdot v_{kx}}{0{,}0036 \cdot \varphi_1 \cdot c_k}$ oder $= \dfrac{G_n \cdot v_{kt}}{0{,}0036 \cdot \varphi_1 \cdot c_k}$
Gesamte Düsenfläche am Austritt	F_a'	$mm^2 = \dfrac{G_n \cdot v_2{}'_x}{0{,}0036 \cdot \varphi_1 \cdot c_0}$ oder $= \dfrac{G_n \cdot v_2{}'_t}{0{,}0036 \cdot \varphi_1 \cdot c_0}$
Düsenneigung	tg α	$^0/_0$
Stegstärke auf Mitte Austritt . .	δ	mm
Lichte Weite auf Mitte Austritt .	b	mm
Lichte Höhe (radial)	l	mm
Austrittsquerschnitt pro Düse .	f	$mm^2 = b \cdot l$
Mittl. Düsenteilung	t	mm $= \dfrac{b + \delta}{\sin \alpha}$
Beaufschlagte Länge	L	mm $= z' \cdot t$
Beaufschlagte Länge bzw. auf U		$^0/_0$
Düsenzahl berechnet	z'	$= F_a' : f$
Düsenzahl abgerundet	z	
Wirkl. Gesamtquerschnitt . . .	F_a	$mm^2 = z \cdot f$
Beschauflung Nr.		

57. Berechnungsschema für D-, R- und RR-Stufen.

Berechnung Nr. . .....

Zchg. Nr. . .....

Turbine Nr. . Datum . . . .

Berechnung der Trommelstufen.

Totale Dampfmenge . . . . $G =$ .... kg/st

Für Trommel verfügbare Dampfmenge $G_t =$ kg/st

Effektive Turbinenleistung . . . . . . $N_e =$ PS

Tourenzahl . . . . $n =$. U. p. Min.

Gesamte Stufenzahl der Trommel . . $z =$

Druck vor d. Trommel = . at. abs.; Temperatur vor d. Tr. = ^{0}C;

Spez. Dampfmenge $x_1 =$. ; Dampfgeschwindigkeit v. d. Tr. = m/sk.

Stufe Nr. . . . .

Art der Schaufel . . . . L_e L_a L_e L_a

Mittl. Schaufelkreis-Durchm. . . Φ mm

Mittl. Schaufelkreis-Umfang . . . U mm $= \Phi \cdot \pi$

Mittl. Umfangsgeschwindigkeit . u m/sk $= U \cdot \frac{n}{60}$

Schaufelprofil Nr. . . . .

Freie Schaufellänge . . . . . . l mm

Axiale Schaufelbreite . . . . . B mm

Schaufelaustrittswinkel tg α resp. tg β $^0/_0$

Mittl. Kanalaustrittsbreite . . . b mm

Mittlere Schaufelteilung . . . . t mm

$\frac{b}{t}$

Schaufelaustritts-Querschnitt . . F_s mm$^2 = U \cdot l \cdot \frac{b}{t}$

Axialspaltbreite . . . . s_B mm

Radialspaltbreite . . . . s_e resp. s_a mm

Mittl. Radialspaltdurchm. Φ_{se} resp. Φ_{sa} mm für L_e; $\Phi_{se} = \Phi - (l + s_e)$
für L_a; $\Phi_{sa} = \Phi + (l + s_a)$

Radialspalt-Querschnitt . . . F_{sp} mm$^2 = \Phi_{se} \cdot \pi \cdot s_e$ resp. $\Phi_{sa} \cdot \pi \cdot s_a$

Gesamt-Querschnitt . . . $F_s + F_{sp}$ mm^2

Spez. Durchströmmenge . $\frac{G_t}{F_s + F_{sp}}$ kg/mm^2/st

Partialdruck (p. Stufe) (p. Schaufelreihe) . . . . p_2 at. abs.

Dampftemperatur zu p_2 . . . . t_2' — ^{0}C

Spez. Dampfmenge zu p_2 . . . x_2'

Spez. Volumen zu p_2 . $v_2'{}_x$ resp. $v_2'{}_t$ — m³/kg

Ausströmgeschw. $c_0\,\varphi_1$ resp. $w_0\,\psi_1$ — m/sk $= \frac{G_t}{F_s + F_{sp}} \cdot \frac{v_2'}{0{,}0036}$

Verfügb. Partialgefälle, geschätzt h_p' — WE — $\varphi_1 = \psi_1 \sim 0{,}98$

Verfügb. Partialgefälle, berechnet h_p — WE

Gesamtes Zusatzgefälle pro Stufe h — WE

Summe der Stufengefälle . . . Σh — WE

Wirkungsgrad am Radumfang (berechnet, n. Kurve) . . . . . η_i — $^0/_0$

Nutz-Gefälle pro Stufe . . . . . h_i — WE $= \eta_i \cdot h$

Summe der Nutz-Gefälle . . . Σh_i — WE

Ideale Stufenleistung am Radumfang . . . . N_i' — PS $= \frac{G \cdot h_i}{632{,}3}$

Gesamtleistung $\Sigma N_i'$ . . . . . N_{ie}' — PS

Ideale Partialleistung zu h_p . . . N'_p — PS $= \frac{G_t \cdot h_p}{632{,}3}$

Spaltverlust pro Schaufelreihe . . N'_{sp} — PS $= N'_p \cdot \frac{F_{sp}}{F_s + F_{sp}} \cdot \eta_i$

Spaltverlust pro Stufe . . . . . N_{sp} — PS

Nutz-Leistung a. Radumf. pro Stufe N_i — PS $= \frac{G_t \cdot h_i}{632{,}3}$

Summe der Stufenleistungen ΣN_i N_{ie} — PS

Stopfbuchsen- u. Ausgleichkolben-Verlust pro Stufe . . . . . . N_{sa} — PS $= (G - G_t) \frac{h_i}{632{,}3}$

58. Berechnungsschema für Gesamtdampfverbrauch und Wirkungsgrad.

Berechnung Nr.

Zchg. Nr.

Turbine Nr. . Datum . . .

Dampfverbrauch und Wirkungsgrad.

Totale Dampfmenge . . . $G =$ kg/st

Effektive Turbinenleistung $N_e =$ PS

Tourenzahl . . . . $n =$. U. p. Min.

Druck vor dem Regulierventil . . . . p_0 — at. abs.

Temperatur vor dem Regulierventil . . t_0 — ^{0}C

Überhitzung vor dem Regulierventil . .	$t_{0ü}$	^{0}C
Spez. Dampfmenge vor dem Regulierventil	x_0	
Kondensatordruck	p_c	at. abs.
Kond.-Vakuum bez. auf	mm Hg	$^0/_0$
Wärmeinhalt des Dampfes zu p_0 . . .	i_0	WE
Wärmeinhalt zu p_c adiab. Exp.	i_c'	WE
Adiab. Gesamtgefälle zu $p_0 - p_c$	H'	WE $= i_0 - i_c'$
Ideale Leistung zu H'	N'	PS $= \frac{G \cdot H'}{632,3}$
Druck vor den Düsen	p_1	at. abs.
Temperatur vor den Düsen	t_1	^{0}C
Überhitzung vor den Düsen	$t_{1ü}$	^{0}C
Spez. Dampfmenge vor den Düsen . .	x_1	
Druck im Abdampfraum	p_a	at. abs.
Wärmeinhalt zu p_1	i_1	WE
Wärmeinhalt zu p_a adiab. Exp.	i_a'	WE
Adiab. Gesamtgefälle zu $p_1 - p_a$ . . .	H	WE $= i_1 - i_a'$
Ideale Leistung zu H	N	PS $= \frac{G \cdot H}{632,3}$
Ideale Ges.-Leistung der C-Stufen am Radumfang (Berechn. Nr.) . . .	$N_{i\,c}'$	PS
Ideale Ges.-Leistung der Einzelstufen am Radumfang (Berechn. Nr.) . . .	$N_{i\,e}'$	PS
Gesamte ideale Nutz-Leistung a. Radumf.	N_{iT}'	PS $= N_{i\,c}' + N_{i\,e}'$
Gesamt-Wirkungsgrad a. Radumfang bez. auf H'	η_i'	$^0/_0 = N_{iT}' : N'$
Gesamt-Wirkungsgrad a. Radumfang bez. auf H	η_i	$^0/_0 = N_{iT}' : N$
Stopfbuchsen-Verlust der C-Stufen . .	ΣN_{st}	PS
Stopfb.- u. Ausgleichkolben-Verl. d. Einzelstufen	ΣN_{sa}	PS
Spaltverluste der Einzelstufen	ΣN_{sp}	PS
Mechan. Leerlaufsverluste	N_r	PS
Gesamtverluste außerhalb der Beschaufl. .	N_v	PS $= \Sigma N_{st} + \Sigma N_{sa} + \Sigma N_{sp} + N_r$
Effektive Turbinen-Leistung	N_e	PS $= N_{iT}' - N_v$
Effektiver Dampfverbrauch	D_e	kg/PS$_e$/st $= G : N_e$
Effektiver Wirkungsgrad bez. anf H' . .	η_e'	$^0/_0 = N_e : N'$
Effektiver Wirkungsgrad bez. auf H . .	η_e	$^0/_0 = N_e : N$

59. Bemerkungen zu Abschnitt 55 bis 58.

Die Abschnitte 55 bis 58 enthalten vier Rechnungsformulare, die für eine geordnete Berechnung zweckmäßig vorgedruckt werden. Sie sind so aufgestellt, daß sie sich für die Berechnung kombinierter Turbinen, aber auch für reine C-Stufen-Turbinen, reine Kammerturbinen mit D-Stufen oder reine Trommelturbinen eignen.

Entsprechend der Gruppierung des Buches ist ein Schema für C-Stufen Nr. 55 und ein dazugehöriges für Düsen Nr. 56 aufgestellt. Das dritte Nr. 57 hat die Überschrift Trommelstufen. Es ist für D-, R- und RR-Stufen, die auf Trommeln angeordnet sind, entworfen, d. h. für das ganze Überdruckgebiet brauchbar. Es läßt sich auch für die D-Stufen in Kammeranordnung verwenden, nur würde dann die Rubrik „Spaltverlust“ durch die Rubrik „Stopfbuchsen“ des C-Stufenschemas zu ersetzen sein.

Für die einzelnen Tabellenwerte sind die zur Berechnung nötigen Formeln rechts beigedruckt, soweit die Werte nicht durch Annahmen oder mit Hilfe von Entropietafel und Dampftabellen, aus vorausberechneten Kurven oder den Geschwindigkeitsdreiecken festzulegen sind.

Die Spaltverluste der Trommelstufen Tab. 57 $N'_{sp} = N'_p \dfrac{F_{sp}}{F_s + F_{sp}} \eta_i$ sind für jeden Radialspalt proportional dem Partialgefälle der zugehörigen Schaufelreihe, der durch den Spalt fließenden Dampfmenge und dem indizierten Stufenwirkungsgrad gesetzt. Das sind Annahmen, die eine gewisse Berechtigung haben, aber keinen Anspruch auf unbedingte Gültigkeit. Es ist dabei vor allem nicht berücksichtigt, ob und welchen Einfluß die durch den Leitschaufelspalt fließende irreguläre Strömung auf die folgende Laufschaufel hat. Andererseits werden diese Verluste auch von der Konstruktion beeinflußt, je nachdem, ob die Schaufeln freie Enden, Drahtbandagen oder Blechbandagen tragen.

Das letzte Schema Nr. 58 gibt eine Zusammenstellung der Größen, die für die Energiebilanz der Turbine aus der verfügbaren Energie und der durch die Detailberechnungen ermittelten nutzbaren hervorgehen.

60. Einfluß der Änderungen des Dampfzustandes auf eine gegebene Turbine.

Liegt eine berechnete oder ausgeführte Turbine vor und es wird die Frage aufgeworfen, wie verhält sich ihr thermodynamischer Wirkungsgrad, wenn sich entweder der Anfangszustand, ausgedrückt durch p_0 und t_0 oder p_0 und x_0, oder der Endzustand, ausgedrückt durch p_c, oder beide gleichzeitig ändern, dann ist das Resultat in der Hauptsache abhängig von der Verschiebung, die das Verhältnis $\frac{c}{u}$ in den einzelnen Stufen erfährt. Diese läßt sich mit praktisch genügender Genauigkeit ermitteln, wenn man annimmt, daß sich bei Änderung des Anfangszustandes alle Drücke proportional dem Überdruck über den Kondensatordruck und bei Änderung des Endzustandes proportional dem Unterdruck unter den Kesseldruck ändern. Somit lassen sich mit Hilfe der Entropietafel die Gefällsänderungen der einzelnen Stufen und die Änderung ihres $\frac{c}{u}$-Verhältnisses ermitteln. Daraus geht hervor, daß sich der Wirkungsgrad in den einzelnen Stufen in den meisten Fällen nicht gleichmäßig ändern wird. Bei einer Änderung des Anfangszustandes werden hauptsächlich die Hochdruckstufen, bei Änderung des Endzustandes hauptsächlich die Niederdruckstufen beeinflußt. Je nachdem eine Stufe in der Nähe des Maximums der Wirkungsgradkurve oder auf deren abfallendem Ast arbeitet, kann eine Zunahme von $\frac{c}{u}$ einen positiven, verschwindenden oder negativen Einfluß auf den Wirkungsgrad haben. Der erstere Fall, in dem die Stufe vor der Änderung links vom Maximum der über $\frac{c}{u}$ aufgetragenen Wirkungsgrad arbeiten müßte, tritt allerdings selten ein, da die aus wirtschaftlichen Gründen gebräuchlichen Stufenzahlen eine entsprechend weitgehende Steigerung von u in den wenigsten Fällen erlauben. Am ungünstigsten verhalten sich in dieser Beziehung die letzten Niederdruckstufen, die stets auf dem rechts abfallenden Ast der Wirkungsgradkurven arbeiten und sowohl bei Leistungsregulierung als auch bei Schwankungen des Vakuums den größten Gefällswechseln ausgesetzt sind. Änderungen der Anfangs-Dampftemperatur oder der spezifischen Dampfmenge haben bei gleichbleibendem Anfangs- und Enddruck des Dampfes, infolge Änderung der Entropie gleichfalls einen Einfluß auf das verfügbare Gefälle und damit auf $\frac{c}{u}$ und den Wirkungsgrad. Daneben üben sie aber einen durch Änderung der Reibungsverhältnisse begründeten Einfluß auf den Wirkungsgrad aus, der in den hier dargestellten Kurven nicht zum Ausdruck kommt und besonders berücksichtigt werden muß, da er so groß ist, daß er sich schon bei verhältnismäßig kleinen Differenzen in meßbaren Änderungen des Dampfverbrauchs äußert. Dieser Einfluß bewirkt, daß bei Temperatursteigerung der Wirkungsgrad zu- und der Dampfverbrauch abnimmt und bei abnehmender spezifischer Dampfmenge das umgekehrte Verhalten eintritt.